全国科学技术名词审定委员会

科学技术名词·自然科学卷（全藏版）

13

海峡两岸细胞生物学名词

海峡两岸细胞生物学名词工作委员会

国家自然科学基金资助项目

科学出版社

北京

内 容 简 介

　　本书是由海峡两岸细胞生物学专家会审的海峡两岸细胞生物学名词对照本，是在全国科学技术名词审定委员会公布名词的基础上加以增补修订而成。内容包括总论、细胞化学、细胞结构与细胞外基质、细胞生理、细胞周期与细胞分裂、细胞分化与发育、细胞遗传、细胞通信与信号转导、细胞免疫、细胞培养与细胞工程和细胞生物学技术 11 部分，共收词约 3500 条。本书供海峡两岸细胞生物学和相关领域的人士使用。

图书在版编目（CIP）数据

科学技术名词. 自然科学卷：全藏版 / 全国科学技术名词审定委员会审定.
—北京：科学出版社，2017.1
　ISBN 978-7-03-051399-1

　I. ①科⋯　II. ①全⋯　III. ①科学技术–名词术语　②自然科学–名词术语
IV. ①N61

中国版本图书馆 CIP 数据核字（2016）第 314947 号

责任编辑：高素婷 / 责任校对：陈玉凤
责任印制：张　伟 / 封面设计：铭轩堂

科 学 出 版 社 出版
北京东黄城根北街 16 号
邮政编码：100717
http://www.sciencep.com

北京厚诚则铭印刷科技有限公司印刷
科学出版社发行　各地新华书店经销
＊

2017 年 1 月第 一 版　开本：787×1092 1/16
2017 年 1 月第一次印刷　印张：15
字数：332 000

定价：5980.00 元（全 30 册）
（如有印装质量问题，我社负责调换）

海峡两岸细胞生物学名词工作委员会委员名单

召集人：何大澄　韩贻仁

委　员（按姓氏笔画为序）：

汤雪明　周柔丽　柳惠图　徐永华　高素婷

召集人：王惠钧　魏耀挥

委　员（按姓氏笔画为序）：

吴金洌　吴佳慶　吴華林　周延鑫　高淑慧

陈政男　程樹德　裘正健　趙崇義

序

科学技术名词作为科技交流和知识传播的载体,在科技发展和社会进步中起着重要作用。规范和统一科技名词,对于一个国家的科技发展和文化传承是一项重要的基础性工作和长期性任务,是实现科技现代化的一项支撑性系统工程。没有这样一个系统的规范化的基础条件,不仅现代科技的协调发展将遇到困难,而且,在科技广泛渗入人们生活各个方面、各个环节的今天,还将会给教育、传播、交流等方面带来困难。

科技名词浩如烟海,门类繁多,规范和统一科技名词是一项十分繁复和困难的工作,而海峡两岸的科技名词要想取得一致更需两岸同仁作出坚韧不拔的努力。由于历史的原因,海峡两岸分隔逾50年。这期间正是现代科技大发展时期,两岸对于科技新名词各自按照自己的理解和方式定名,因此,科技名词,尤其是新兴学科的名词,海峡两岸存在着比较严重的不一致。同文同种,却一国两词,一物多名。这里称"软件",那里叫"软体";这里称"导弹",那里叫"飞弹";这里写"空间",那里写"太空";如果这些还可以沟通的话,这里称"等离子体",那里称"电浆";这里称"信息",那里称"资讯",相互间就不知所云而难以交流了。"一国两词"较之"一国两字"造成的后果更为严峻。"一国两字"无非是两岸有用简体字的,有用繁体字的,但读音是一样的,看不懂,还可以听懂。而"一国两词"、"一物多名"就使对方既看不明白,也听不懂了。台湾清华大学的一位教授前几年曾给时任中国科学院院长周光召院士写过一封信,信中说:"1993年底两岸电子显微学专家在台北举办两岸电子显微学研讨会,会上两岸专家是以台湾国语、大陆普通话和英语三种语言进行的。"这说明两岸在汉语科技名词上存在着差异和障碍,不得不借助英语来判断对方所说的概念。这种状况已经影响两岸科技、经贸、文教方面的交流和发展。

海峡两岸各界对两岸名词不一致所造成的语言障碍有着深刻的认识和感受。具有历史意义的"汪辜会谈"把探讨海峡两岸科技名词的统一列入了共同协议之中,此举顺应两岸民意,尤其反映了科技界的愿望。两岸科技名词要取得统一,首先是需要了解对方。而了解对方的一种好的方式就是编订名词对照本,在编订过程中以及编订后,经过多次的研讨,逐步取得一致。

全国科学技术名词审定委员会(简称全国科技名词委)根据自己的宗旨和任务,始终把海峡两岸科技名词的对照统一工作作为责无旁贷的历史性任务。近些年一直本着积极推进,增进了解;择优选用,统一为上;求同存异,逐步一致的精神来开展这项工作。先后接待和安排了许多台湾同仁来访,也组织了多批专家赴台参加有关学科的名词对照研讨会。工作中,按照先急后缓、先易后难的精神来安排。对于那些与"三通"

有关的学科,以及名词混乱现象严重的学科和条件成熟、容易开展的学科先行开展名词对照。

在两岸科技名词对照统一工作中,全国科技名词委采取了"老词老办法,新词新办法",即对于两岸已各自公布、约定俗成的科技名词以对照为主,逐步取得统一,编订两岸名词对照本即属此例。而对于新产生的名词,则争取及早在协商的基础上共同定名,避免以后再行对照。例如101~109号元素,从9个元素的定名到9个汉字的创造,都是在两岸专家的及时沟通、协商的基础上达成共识和一致,两岸同时分别公布的。这是两岸科技名词统一工作的一个很好的范例。

海峡两岸科技名词对照统一是一项长期的工作,只要我们坚持不懈地开展下去,两岸的科技名词必将能够逐步取得一致。这项工作对两岸的科技、经贸、文教的交流与发展,对中华民族的团结和兴旺,对祖国的和平统一与繁荣富强有着不可替代的价值和意义。这里,我代表全国科技名词委,向所有参与这项工作的专家们致以崇高的敬意和衷心的感谢!

值此两岸科技名词对照本问世之际,写了以上这些,权当作序。

2002 年 3 月 6 日

前　言

科学技术名词在学术交流中具有极为重要的作用，这已成为海峡两岸学者的共识。随着海峡两岸学术交流不断加强，两岸科技名词由于翻译定名的不同带来的不便也日益突显。为此，在全国科学技术名词审定委员会和台湾李国鼎科技发展基金会的参与和推动下，海峡两岸的细胞生物学学会分别邀请有关学者开展海峡两岸细胞生物学名词的对照工作。

本书的编写历时四年有余，先后有两岸多名学者参加。2006 年台湾专家以全国科学技术名词审定委员会正在审定的《细胞生物学名词》第三稿为蓝本开始对照工作，2006 年底整理出了《海峡两岸细胞生物学名词》对照初稿。2007 年 1 月在台北召开了"海峡两岸细胞生物学名词研讨会"。会后两岸专家又分别对相关部分进行了审核，完成了《海峡两岸细胞生物学名词》对照二稿。2009 年 10 月又将对照二稿同全国科学技术名词审定委员会公布的第二版《细胞生物学名词》进行了查重，并修改。2009 年 7 月在西安举行的"海峡两岸细胞生物学研讨会"上，经两岸学会和学者共商，进一步明确了工作框架和日程。2010 年 2 月底经过两岸专家进一步核对、增删，《海峡两岸细胞生物学名词》终于定稿。

本书的编写，基本上采取尊重习惯、择优选用、求同存异的原则。对于一些过去文献中较为常见而目前已罕用的名词，为了查阅方便，仍予以收录。另一方面，随着细胞生物学的迅速发展，新的名词大量涌现，其中许多尚无中文定名，因此名词对照统一工作将是一项长期而细致的工作，应该长期地进行下去。这对海峡两岸的学术交流和科学的共同发展都会起到积极的作用。

限于编者的学术范围，虽也获得编者以外专家的协助，本书所提供的词条，仍难免挂一漏万。实际上，对极个别的词条，即使在参与此项工作的专家内部也存在一些不同的见解，故其取舍或有不当之处。敬希海峡两岸广大的细胞生物学学界同仁不吝指正。

海峡两岸细胞生物学名词工作委员会
2010 年 2 月

编 排 说 明

一、本书是海峡两岸细胞生物学名词对照本。

二、本书分正篇和副篇两部分。正篇按汉语拼音顺序编排；副篇按英文的字母顺序编排。

三、本书[ ]中的字使用时可以省略。

正篇

四、本书中祖国大陆和台湾地区使用的科技名词以"大陆名"和"台湾名"分栏列出。

五、本书正名和异名分别排序，并在异名处用(=)注明正名。

六、本书收录的汉文名词对应英文名为多个时(包括缩写词)用","分隔。

副篇

七、英文名对应多个相同概念的汉文名时用","分隔，不同概念的用① ② ③分别注明。

八、英文名的同义词用(=)注明。

九、英文缩写词排在全称后的( )内。

目　　录

序

前言

编排说明

正篇 ··· 1

副篇 ··· 109

正 篇

A

大 陆 名	台 湾 名	英 文 名
吖啶橙	吖啶橙	acridine orange
吖啶黄	吖啶黃	acridine yellow
阿拉伯半乳聚糖	阿拉伯半乳聚醣	arabinogalactan
阿拉伯聚糖	阿拉伯聚醣	araban
癌变	致癌作用，癌發生	carcinogenesis
癌蛋白 18	癌蛋白 18	onco-protein 18，Op18
癌干细胞假说	癌幹細胞假說	cancer stem cell hypothesis
癌基因	致癌基因	oncogene
c 癌基因(=细胞癌基因)		
v 癌基因(=病毒癌基因)		
癌细胞	癌細胞	cancer cell
癌[症]	癌症	cancer
氨苄青霉素	氨苄青黴素	ampicillin
氨基蝶呤	胺基蝶呤	aminopterin
氨基酸	胺基酸	amino acid
氨基酸通透酶	胺基酸通透酶	amino acid permease
氨甲蝶呤	胺甲蝶呤	amethopterin，methotrexate，MTX
氨酰 tRNA	胺醯 tRNA	aminoacyl tRNA
氨酰 tRNA 合成酶	胺醯 tRNA 合成酶	aminoacyl tRNA synthetase
氨酰 tRNA 连接酶	胺醯 tRNA 連接酶	aminoacyl tRNA ligase
氨酰位，A 位	胺醯位，A 位	aminoacyl site，A site
暗带，A 带	暗帶，A 帶	A band，dark band
暗视场显微镜(=暗视野显微镜)		
暗视野显微镜，暗视场显微镜	暗視野顯微鏡	dark-field microscope
凹玻片	凹玻片	depression slide，concave slide

B

大　陆　名	台　湾　名	英　文　名
巴尔比亚尼环	[唾腺染色體的]巴比阿尼環	Balbiani ring
巴尔比亚尼染色体	巴比阿尼型染色體	Balbiani chromosome
巴氏小体	巴爾[氏]體，巴氏體，巴氏小體	Barr body
靶细胞	標的細胞，目標細胞	target cell
靶向运输	標的運輸	targeting transport
白介素-3	白血球介素-3，介白素-3	interleukin-3，IL-3
白色体	白色體	leucoplast
白细胞	白細胞，白血球	white blood cell，leucocyte，leukocyte
白细胞分化抗原	白血球分化抗原	leukocyte differentiation antigen，LDA
白细胞功能相关抗原	白血球功能相關抗原	leucocyte function-associated antigen，LFA
白[细胞]介素	白血球介素，介白素	interleukin，IL
白细胞溶菌素	白血球[溶菌]素	leukin
白细胞调节素	白血球調控素	leucoregulin，LR
白血病抑制因子	白血病抑制因子	leukemia inhibitory factor，LIF
败育卵	廢卵	abortive egg
斑点杂交	斑點雜交，點墨雜交	dot hybridization
斑联蛋白	斑聯蛋白，關節蛋白	zyxin
斑珠蛋白	斑珠蛋白	plakoglobin
坂口反应	坂口反應	Sakaguchi reaction
半保留复制	半保留[式]複製	semiconservative replication
半不育[性]	半不育	semisterility
半胱氨酸	半胱氨酸	cysteine
半抗原	半抗原	hapten
半抗原载体复合物	半抗原載體複合體	hapten-carrier complex
半桥粒	半橋粒	hemidesmosome
半乳聚糖	半乳聚醣	galactan
半透膜	半透[性]膜	semipermeable membrane
半透性	半透性	semipermeability
半纤维素	半纖維素	hemicellulose
伴胞	伴細胞	companion cell
伴刀豆凝集素 A	刀豆球蛋白A，刀豆素A	concanavalin A，Con A

大　陆　名	台　湾　名	英　文　名
伴肌动蛋白	伴肌動蛋白	nebulin
伴侣蛋白	保護者蛋白	chaperonin
包埋	包埋	embedding
包埋剂	包埋劑	embedding medium
孢粉素	孢子花粉素	sporopollenin
孢囊	胞囊，囊腫	cyst
孢囊孢子	孢囊孢子	sporangiospore
孢原细胞	孢子囊體，胞子器	sporogonium，archesporium
孢子	孢子	spore
孢子发生	孢子形成	sporogenesis
孢子母细胞	孢子母細胞	sporocyte
孢子体	孢子體	sporophyte
孢子同型	孢子同型	isospory
孢子外壁	孢子外壁	exospore
孢子形成	孢子形成	sporulation
孢子异型	異型孢子性	heterospory
孢子中壁	孢子中壁	mesospore
胞壁内突生长	胞壁內突生長	wall ingrowth
胞肛	[細]胞肛	cytoproct，cytopyge
胞间连丝	胞間連絲，細胞間絲	plasmodesma，plasmodesmata（复）
胞间运输	[細]胞間運輸	intercellular transport
胞口	胞口	cytostome
胞膜窖(=陷窝)		
胞内共生	胞內共生，內共生現象	intracellular symbiosis，endosymbiosis
胞内小管	胞內小管	intracellular canaliculus
胞内运输	胞內運輸	intracellular transport
胞吐[作用]，外排作用	胞吐作用，胞外分泌	exocytosis
胞吞途径	內吞途徑	endocytic pathway
胞吞转运作用	細胞穿越運輸	transcytosis
胞吞[作用]，内吞作用	胞吞作用	endocytosis
[胞]外连丝	胞外連絲	ectodesma，ectodesmata（复）
胞咽	胞咽	cytopharynx
胞饮[作用]，吞饮[作用]	胞飲作用	pinocytosis
胞质分裂	胞質分裂	cytokinesis，plasmodieresis
胞质环	[細]胞質環	cytoplasmic ring
胞质环流	胞質環流，胞質循流	cyclosis，cytoplasmic streaming
胞质局部分裂	核片部分分裂，部局分	merokinesis

大　陆　名	台　湾　名	英　文　名
	裂	
胞质孔环	[細]胞質環孔	cytoplasmic annulus
胞质面	胞質面	cytosolic face
胞质内小 RNA	小胞質 RNA	small cytoplasmic RNA，scRNA
胞质溶胶	細胞質	cytosol
胞质融合(=质配)		
胞质丝	細胞質微絲	cytoplasmic filament
胞质体	[細]胞質體	cytoplast，cytosome
胞质运动	[細]胞質運動	cytoplasmic movement
胞质杂种	[細]胞質雜交	cybrid，cytoplasmic hybrid
薄壁细胞	薄壁細胞	parenchyma cell
薄层培养	薄層培養	thin layer culture
饱和密度	飽和密度	saturation density
保守序列	保守序列	conserved sequence
保卫细胞	保衛細胞	guard cell
保育培养	保護培養	nurse culture
鲍曼囊	鮑氏囊	Bowman's capsule
被动扩散	被動擴散	passive diffusion
被动免疫	被動免疫	passive immunity
被动运输，被动转运	被動運輸	passive transport
被动转运(=被动运输)		
苯胺黑(=尼格罗黑)		
苯胺蓝	苯胺藍	aniline blue
泵	幫浦	pump
比较胚胎学	比較發生學，比較胚胎學	comparative embryology
闭合蛋白	密封蛋白	occludin
臂比	臂比例	arm ratio
臂间倒位	臂間倒位	pericentric inversion
臂内倒位	不包含中節在內的倒位，染色體臂內倒位	paracentric inversion
边缘波动(=边缘起皱)		
边缘起皱，边缘波动	細胞邊緣波動，細胞邊緣皺褶	ruffling
RNA 编辑	RNA 編輯	RNA editing
编码链	編碼股	coding strand
鞭毛	鞭毛	flagellum，flagellae(复)
鞭毛蛋白	鞭毛蛋白	flagellin

大 陆 名	台 湾 名	英 文 名
扁囊(=潴泡)		
变态	變態	metamorphosis
变形运动	變形蟲運動，變形運動	amoeboid movement，amoeboid locomotion
变性	變性	denaturation
标记染色体	標記染色體	marker chromosome
表观遗传学	表現遺傳學	epigenetics
表面复型	表面複印	surface replica
表面卵裂	表面卵裂	superficial cleavage
表面皿培养	表面玻璃培養	watch glass culture
表面铺展法	表面擴展法	surface-spread method
表膜	外膜	pellicle
表皮生长因子	表皮生長因子	epidermal growth factor，EGF
表皮生长因子受体	表皮生長因子受體	epidermal growth factor receptor，EGF receptor
表皮细胞	表皮細胞	epidermal cell
表位	表位，抗原決定基	epitope
别藻蓝蛋白,异藻蓝蛋白	異藻藍蛋白	allophycocyanin，APC
冰冻蚀刻(=冷冻蚀刻)		
冰核蛋白	冰核蛋白	ice nucleation protein，INP
冰核形成	冰核	ice nucleation
病毒	病毒	virus
DNA 病毒	DNA 病毒	DNA virus
RNA 病毒	RNA 病毒	RNA virus
SARS 病毒	SARS 病毒	severe acute respiratory syndrome virus，SARS virus
SV40 病毒(=猿猴空泡病毒 40)		
病毒癌基因，v 癌基因	病毒致癌基因	viral oncogene，v-oncogene
病毒[粒]体,病毒粒子	病毒粒子	virion
病毒粒子(=病毒[粒]体)		
波形蛋白	波形蛋白，微絲蛋白	vimentin
波形蛋白丝	波形蛋白絲	vimentin filament
玻璃珠培养	玻璃珠培養系統	glass bead culture
补体	補體	complement
补体旁路	替代互補途徑	alternative complement pathway

大 陆 名	台 湾 名	英 文 名
补体受体	補體受體	complement receptor
哺乳动物人工染色体	哺乳動物人工染色體	mammalian artificial chromosome，MAC
捕光复合物	光能捕獲複合體	light-harvesting complex，LHC
捕光中心，集光中心	光能捕獲中心	light-harvesting center
不动孢子	靜孢子	aplanospore
不动精子	不動精子	spermatium
不动配子	靜配子	aplanogamete
不对称分裂	不對稱分裂	asymmetrical division
不均一核 RNA（=核内不均一 RNA）		
不联会	[染色體的]不聯會，不配對	asynapsis
不完全抗原	不完全抗原	incomplete antigen
不完全卵裂	不完全卵裂	meroblastic cleavage
不依赖 T 的抗原（=非 T 细胞依赖性抗原）		
不依赖贴壁细胞（=非贴壁依赖性细胞）		
不育性	不育性	sterility
部分同源染色体	近同源染色體，同源異型染色體	homeologous chromosome

C

大 陆 名	台 湾 名	英 文 名
擦镜纸培养	拭鏡紙培養	lens paper culture
残余体	殘餘體	residual body
藏卵器	藏卵器	oogonium
操纵基因	操作子，操縱基因	operator
操纵子	操縱子，操縱組	operon
糙面内质网	粗糙內質網	rough endoplasmic reticulum
侧成分	側成分	lateral element
测序（=序列测定）		
DNA 测序	DNA 定序	DNA sequencing
层析	層析法	chromatography
层粘连蛋白	層黏蛋白，層黏結蛋白	laminin，LN
插入片段	插入片段	insert
插入序列	插入序列	insertion sequence，IS

大　陆　名	台　湾　名	英　文　名
差速离心	速差離心	differential centrifugation
差异表达	差別表達，差異性表現	differential expression
差异基因表达	差別基因表達，差異性基因表現	differential gene expression
产雌孤雌生殖	產雌孤雌生殖	thelytoky
产雄孢子	雄孢子	androspore
产雄孤雌生殖	產雄性孤雌生殖	arrhenotoky
长春花碱	長春[花]鹼	vinblastine
长春花新碱	長春[花]新鹼	vincristine
肠道病毒	腸病毒	enterovirus
常染色体	常染色體，體染色體	autosome，euchromosome
常染色质	真染色質	euchromatin
超薄切片	超薄切片	ultrathin section
超薄切片机	超薄切片機	ultramicrotome
超倍体	超倍體	hyperploid
超倍性	超倍性	hyperploidy
超变区(=高变区)		
超活染色，体外活体染色	體外活體染色	supravital staining
超卷曲	緊密螺旋，多重盤繞	supercoil
超数精核	剩餘精核	supernumerary nuclei
超数染色体	超數染色體	supernumerary chromosome
超速离心	超高速離心	ultracentrifugation
超微结构	超微結構	ultrastructure
超微结构细胞化学	超微結構細胞化學	ultrastructural cytochemistry
超微形态学	超顯微形態學	ultramicroscopic morphology
超氧化物	超氧化物	superoxide
超氧化物歧化酶	超氧化物歧化酶	superoxide dismutase，SOD
巢蛋白，哑铃蛋白	巢蛋白，内動素	nidogen，entactin
沉降系数	沉降係數	sedimentation coefficient
陈氏滤纸虹吸器官培养系统	陳式濾紙虹吸培養系統	Chen's filter paper siphonage culture system
成斑	斑片	patching
成虫盘	成蟲盤	imaginal disc
成对规则基因	成對規則基因	pair-rule gene
成骨细胞	造骨細胞，成骨細胞	osteoblast
成核蛋白，核化蛋白	核蛋白	nucleating protein
成肌蛋白，肌细胞生成	肌細胞生成素	myogenin

大 陆 名	台 湾 名	英 文 名
蛋白，成肌素		
成肌素(=成肌蛋白)		
成肌细胞	肌原細胞，肌母細胞	myoblast
成胶质细胞	成膠質細胞，海綿絲原細胞	spongioblast，glioblast
成笼蛋白(=网格蛋白)		
成膜粒	成膜粒	phragmosome
成膜体	成膜體	phragmoplast
成视网膜细胞瘤	視網膜母細胞瘤	retinoblastoma
成熟分裂	成熟分裂	maturation division
成熟面(=反面)		
成熟胚培养	成熟胚培養	culture of mature embryo
成熟前有丝分裂	成熟前有絲分裂	premeiotic mitosis
成体干细胞	成體幹細胞	adult stem cell
成纤维细胞	纖維母細胞	fibroblast
成纤维细胞生长因子	纖維母細胞生長因子	fibroblast growth factor，FGF
成星形胶质细胞	成星體細胞	astroblast
呈递抗原细胞(=抗原提呈细胞)		
程序性细胞死亡	程式化細胞死亡	programmed cell death，PCD
持家基因，管家基因	持家基因，看家基因，常在性基因	house-keeping gene
赤道板(=赤道面)		
赤道面，赤道板	赤道板，中期板	equatorial plane，metaphase plane，equatorial plate
赤道面分裂	赤道面分裂	equatorial cleavage
重叠 DNA	重疊 DNA	contig DNA
重叠微管	重疊微管	overlap microtubule
重复 DNA	重複 DNA	repetitive DNA
重复序列	重複序列	repetitive sequence
重构抗体	重構抗體	reshaped antibody
DNA 重排	DNA 重排	DNA rearrangement
重组 DNA	重組 DNA	recombinant DNA
重组 DNA 技术	重組 DNA 技術	recombinant DNA technique
重组结	重組結	recombination nodule
重组抗体(=遗传工程抗体)		
flp-frp 重组酶	flp-frp 重組酶	flp-frp recombinase

大　陆　名	台　湾　名	英　文　名
重组子	[基因]重組單位	recon
出口位，E 位	E 位，退出位	exit site，E site
初次免疫应答	初級免疫反應	primary immune response
初级精母细胞	初級精母細胞	primary spermatocyte
初级卵母细胞	初級卵母細胞	primary oocyte
初级溶酶体	初級溶[酶]體	primary lysosome
初级神经胚形成	初級神經胚形成	primary neurulation
初生胞间连丝	初級胞間連絲	primary plasmodesma
初生细胞壁	初生細胞壁	primary cell wall
触角足复合物	觸角足複合體	antennapedia complex
穿孔蛋白，穿孔素	穿孔蛋白	perforin
穿孔素(=穿孔蛋白)		
穿膜蛋白，跨膜蛋白	跨膜蛋白	transmembrane protein
穿膜片段	跨膜片段	transmembrane segment
穿膜区	穿膜區，跨膜區	transmembrane domain，transmembrane region
穿膜信号传导(=穿膜信号传送)		
穿膜信号传送，穿膜信号传导	跨膜訊息傳遞	transmembrane signaling
穿膜信号转换器	跨膜訊息轉導器	transmembrane transducer
穿膜运输，穿膜转运	跨膜運輸	transmembrane transport，across membrane transport
穿膜转运(=穿膜运输)		
穿细胞运输，跨细胞运输	跨細胞運輸	transcellular transport
传代	繼代	passage
传代培养(=继代培养)		
传代数	繼代數	passage number
传递细胞	運輸細胞	transfer cell
传粉	授粉[作用]	pollination
船坞蛋白质(=停靠蛋白质)		
纯合子	同型合子，同基因合子	homozygote
磁激活细胞分选法	磁性活化細胞分離法	magnetically-activated cell sorting，MACS
雌孢子	雌孢子	gynospore
雌核	雌核	thelykaryon
雌核发育(=单雌生殖)		

大　陆　名	台　湾　名	英　文　名
雌核卵块发育	雌性卵片發育	gynomerogony
雌配子	雌配子	female gamete
雌[性]原核	卵原核，雌原核	female pronucleus
雌雄间体，间性体	間性，雌雄間體	intersex
雌雄同体	雌雄同體	monoecism
雌雄同株	雌雄同株	monoecism
雌雄异体	雌雄異體	dioecism
雌雄异株	雌雄異株	dioecism
雌质	雌質	thelyplasm
次黄嘌呤鸟嘌呤磷酸核糖基转移酶	次黄嘌呤鳥嘌呤磷酸核糖基轉移酶	HGPRT transferase
次级精母细胞	次級精母細胞	secondary spermatocyte
次级卵母细胞	次級卵母細胞	secondary oocyte
次级溶酶体	次級溶[酶]體	secondary lysosome
次级神经胚形成	次級神經胚形成	secondary neurulation
次生胞间连丝	次級胞間連絲	secondary plasmodesma
次生细胞壁	次生細胞壁	secondary cell wall
次要组织相容性抗原	次要組織相容性抗原	minor histocompatibility antigen
次缢痕	次級縊痕，次級隘縮	secondary constriction
粗肌丝	粗絲	thick myofilament，thick filament
[粗丝]连接蛋白	接合蛋白	connectin
粗线期	粗絲期，粗線期	pachytene，pachynema
促成熟因子	成熟促進因子	maturation promoting factor，MPF
促分裂原活化的蛋白激酶，MAP 激酶	促分裂原活化蛋白激酶，MAP 激酶	mitogen-activated protein kinase，MAPK
促分裂作用	促細胞分裂作用	mitogenesis
[促]红细胞生成素	紅血球生成素	erythropoietin，EPO
促进扩散(=易化扩散)		
促凝血酶原激酶	血栓形成素，凝血酶原	thromboplastin
促生长素，生长激素	生長激素	growth hormone，GH
促生长素释放素	促生長素釋放素	somatoliberin，somatotropin releasing hormone
促生长素释放因子	促生長素釋放因子	somatotropin releasing factor，SRF
DNA 促旋酶	DNA 促旋酶	DNA gyrase
促[有丝]分裂原，丝裂原	有絲分裂促進劑，致裂物質	mitogen
催化剂	催化劑	catalyst
RNA 催化剂(=核酶)		

大　陆　名	台　湾　名	英　文　名
催化型受体	催化型受體	catalytic receptor
催化性抗体	催化[性]抗體	catalytic antibody
存活蛋白	存活蛋白	survivin
存活因子	存活因子	survival factor
错分裂	錯分裂	misdivision

D

大　陆　名	台　湾　名	英　文　名
大孢子	大孢子	megaspore
大孢子发生	大孢子形成	megasporogenesis
大孢子母细胞	大孢子母細胞	megasporocyte，megaspore mother cell
大孢子囊	大孢子囊	megasporangium
大豆凝集素	大豆凝集素	soybean agglutinin，SBA
大核	大核	macronucleus
大颗粒淋巴细胞	大顆粒淋巴細胞	large granular lymphocyte，LGL
大量培养	大量培養	mass culture，large-scale culture，bulk culture
大配子	大配子	macrogamete
大型配子结合	大配子生殖	macrogamy
代谢偶联	代謝偶聯	metabolic coupling，metabolic cooperation
A 带(=暗带)		
I 带(=明带)		
带 3 蛋白	帶 III 蛋白質	band 3 protein
带状桥粒	帶狀橋粒	belt desmosome
单倍孤雌生殖	單倍孤雌生殖	haploid parthenogenesis
单倍核	半倍核	hemikaryon
单倍体	單倍體	haploid
单倍性	單倍性	haploidy
单层[细胞]培养	單層培養	monolayer culture
单纯扩散(=简单扩散)		
单雌生殖，雌核发育	無雄核受精，雌核生殖，雌核發育	gynogenesis
单次穿膜蛋白质	單次穿膜蛋白	single-pass transmembrane protein
单分体	單價染色體	monad
单核巨噬细胞系统	單核巨噬細胞系統	mononuclear phagocyte system
单核细胞	單核球，單核白血球	monocyte
单核细胞趋化蛋白	單核球趨化蛋白	monocyte chemotactic protein，MCP

大　陆　名	台　湾　名	英　文　名
单核因子	單核因子	monokine
单基因杂种	單性[狀]雜種	monohybrid
单极分裂	單極分裂	monocentric division
单价体	單價體	univalent, monovalent
单拷贝序列	單拷貝序列	single-copy sequence
单克隆抗体	單株抗體, 單源抗體	monoclonal antibody
单克隆抗体技术	單株抗體技術	monoclonal antibody technique
单链 DNA 结合蛋白	單股 DNA 結合蛋白	single-stranded DNA binding protein, SSB, SSBP
单能干细胞	單潛能幹細胞	unipotent stem cell, monopotent stem cell
单能性	單能性	unipotency
单亲生殖	單性生殖	monogenetic reproduction
单体	單[染色]體	monosome
单体隔离蛋白	單體隔離蛋白	monomer-sequestering protein
单体稳定蛋白	單體穩定蛋白	monomer-stabilizing protein
单体性	單[染色]體性	monosomy
单位膜	單位膜	unit membrane
单细胞变异体	單細胞變異體	single cell variant
单细胞培养	單細胞培養	single cell culture
单向转运	單向運輸	uniport
单型培养	單型培養, 單種培養	monotypic culture
单性生殖(=孤雌生殖)		
单一序列	單一序列, 獨特序列	unique sequence
单一序列 DNA	單一序列 DNA	unique sequence DNA
单着丝粒染色体	單中節染色體, 單著絲點染色體	monocentric chromosome
G 蛋白	G 蛋白	G-protein
HMG 蛋白(=高速泳动族蛋白)		
HU 蛋白, 细菌组蛋白	HU 蛋白	HU-protein
Kap3 蛋白(=驱动蛋白相关蛋白 3)		
Rab 蛋白	Rab 蛋白	Rab protein
Ras 蛋白	Ras 蛋白	Ras protein
Sar1 蛋白	Sar1 蛋白	Sar1 protein
Smad 蛋白(=Sma 和 Mad 相关蛋白)		
Src 蛋白	Src 蛋白	Src protein

大　陆　名	台　湾　名	英　文　名
Toll 蛋白	Toll 蛋白	Toll protein
τ 蛋白	τ 蛋白	τ protein，tau protein
蛋白感染粒，朊病毒，普里昂	傳染性蛋白顆粒，普里昂蛋白	prion，proteinaceous infectious particle
蛋白激酶	蛋白激酶	protein kinase
蛋白激酶 A	蛋白激酶 A	protein kinase A，PKA
蛋白激酶 B	蛋白激酶 B	protein kinase B，PKB
蛋白激酶 C	蛋白激酶 C	protein kinase C，PKC
蛋白聚糖	蛋白聚醣，蛋白多醣	proteoglycan，PG
蛋白磷酸酶	蛋白質磷酸酶	protein phosphatase
蛋白酶	蛋白酶	protease
蛋白酶体	蛋白酶體，蛋白解體	proteasome
G 蛋白偶联受体	G 蛋白-耦合受體	G-protein coupled receptor
蛋白质工程	蛋白質工程	protein engineering
蛋白质酪氨酸激酶	蛋白質酪胺酸激酶	protein tyrosine kinase，PTK
蛋白质酪氨酸磷酸酶	蛋白質酪胺酸磷酸酶	protein tyrosine phosphatase，PTP
蛋白质丝氨酸/苏氨酸磷酸酶	蛋白絲胺酸/蘇胺酸磷酸酶	protein serine/threonine phosphatase
蛋白质微阵列	蛋白質微陣列	protein microarray
蛋白质芯片	蛋白質晶片	protein chip
蛋白质印迹法	西方點墨法，西方墨漬法，蛋白質印迹法	Western blotting
蛋白质原	蛋白原	proprotein
蛋白质阵列	蛋白質陣列	protein array
蛋白质转运器	蛋白質轉運器	protein translocator
蛋白质组	蛋白[質]體	proteome
蛋白质组计划	蛋白質體計畫	proteomic project
蛋白质组芯片	蛋白質體晶片	proteome chip
蛋白质组学	蛋白質體學	proteomics
导管	導管	vessel，trachea
导向蛋白	導向蛋白	chartin
倒位	倒位	inversion
倒置显微镜	倒立式顯微鏡	inverted microscope
灯刷染色体	刷形染色體	lampbrush chromosome
等臂染色体	等臂染色體	isochromosome
等电点聚焦电泳	等電點聚焦電泳	isoelectric focusing electrophoresis
等密度离心	等密度離心	isodensity centrifugation
等位染色单体断裂	等位染色分體斷裂	isochromatid break

大　陆　名	台　湾　名	英　文　名
等位染色单体缺失	等位染色分體缺失	isochromatid deletion
低密度脂蛋白	低密度脂蛋白	low density lipoprotein，LDL
低密度脂蛋白受体， 　　LDL 受体	低密度脂蛋白受體	low density lipoprotein receptor，LDL 　　receptor
低速离心	低速離心	low speed centrifugation
地高辛	毛地黃素	digoxigenin
地衣红	地衣褐，苔棕	orcein
递质门控离子通道	傳導物閘控[型]離子 　　通道，遞質閘控[型] 　　離子通道，遞質驅動 　　式離子通道	transmitter-gated ion channel
第二信使	第二傳訊者	second messenger
第一信使	第一傳訊者	primary messenger
点状桥粒	點狀橋粒	spot desmosome
电穿孔	電穿孔	electroporation
电荷流分离法	電荷流分離法	charge flow separation，CFS
电化学梯度	電化學梯度	electrochemical gradient
电镜(=电子显微镜)		
电融合	電融合	electrofusion
电压门控离子通道	電位閘控[型]離子通 　　道，電壓驅動式離子 　　通道	voltage-gated ion channel
电压敏感离子通道	電位敏感[型]離子通 　　道	voltage-sensitive ion channel
电压依赖性阴离子通 　　道蛋白	電壓依賴性陰離子通 　　道蛋白	voltage dependent anion channel，VDAC
电泳	電泳	electrophoresis
电泳迁移率变动分析	電泳移動性試驗	electrophoretic mobility shift assay， 　　EMSA
电子传递	電子傳遞	electron transport
电子传递链	電子傳遞鏈	electron transport chain
电子染色	電子染色	electron stain
电子显微镜，电镜	電子顯微鏡	electron microscope
电子载体	電子載體	electron carrier
淀粉	澱粉	starch
淀粉核	澱粉核	pyrenoid
奠基细胞(=生成细胞)		
靛洋红	靛卡紅，靛胭脂，可溶	indigo carmine

大　陆　名	台　湾　名	英　文　名
	靛藍	
凋亡蛋白酶激活因子1	凋亡蛋白酶激活化因子-1	apoptosis protease-activating factor-1，Apaf1
凋亡体	凋亡體	apoptosome
凋亡小体	［細胞］凋亡小體	apoptotic body
凋亡信号调节激酶1	細胞凋亡訊號調控激酶-1	apoptosis signal regulating kinase-1，Ask1
凋亡诱导因子	凋亡誘導因子	apoptosis-inducing factor，AIF
叠板反应器	疊板反應器	stack plate reactor
顶端细胞	頂端細胞	apical cell
顶浆分泌(=顶质分泌)		
顶节	頂節	acron
顶泌(=顶质分泌)		
顶体	頂體	acrosome
顶体蛋白	頂體蛋白，頂體素	acrosin
顶体反应	頂體反應	acrosomal reaction
顶体泡	頂體泡	acrosomal vesicle，acrosomal vacuole
顶体球	頂體球	limosphere
顶体突	頂體突	acrosomal process
顶质分泌，顶浆分泌，顶泌	頂泌	apocrine
定量PCR(=定量聚合酶链反应)		
定量聚合酶链反应，定量PCR	定量聚合酶連鎖反應，定量PCR	quantitative PCR，qPCR
定向	定位，取向	orientation
定型，限定	定型	commitment
定型细胞	定型細胞	committed cell
动合子	合子，動合子	ookinete
动基体	原動小體，動基體	kinetoplast
动力蛋白	動力蛋白	dynein
动力蛋白臂	動力蛋白臂	dynein arm
动力蛋白激活蛋白	動力肌動蛋白	dynactin，dynein activator complex
动粒	著絲點	kinetochore
动粒微管	著絲點微管	kinetochore microtubule
动粒纤维	著絲點纖維	kinetochore fiber
动粒域	著絲點功能域	kinetochore domain
动物病毒	動物病毒	animal virus

大　陆　名	台　湾　名	英　文　名
动物极	動物極	animal pole
动物细胞工程	動物細胞工程	animal cell engineering
动物细胞与组织培养	動物細胞與組織培養	culture of animal cell and tissue
动纤丝	動絲	kinetodesma
动质	動質	ergastoplasm
动作电位	動作電位	action potential
读框移位	讀框移動	reading frame displacement
独特位	獨特位，個體型抗體	idiotope
独特型	個體基因型	idiotype
端部联会	端部聯會	acrosyndesis
c-Jun N 端激酶	c-Jun N 端激酶	c-Jun N-terminal kinase
端粒	端粒	telomere
端粒酶	端粒酶	telomerase
端粒 DNA 序列	端粒 DNA 序列	telomere DNA sequence
端着丝粒染色体	末端著絲點染色體，末端中節染色體	telocentric chromosome
对端联会	末端聯會	telosynapsis
对向运输，反向转运	反向輸運	antiport
多倍体	多倍體	polyploid
多倍性	多倍性	polyploidy
多泛素化	泛素聚化	polyubiquitination
多核苷酸	多核苷酸，聚核苷酸	polynucleotide
多核合子	多核合子	coenozygote
多核配子	多核配子	coenogamete
多核糖体	多核糖體，聚核糖體	polyribosome，polysome
多核体，多核细胞	多核體	polykaryon
多核细胞(=多核体)		
多级调控体系	多階調控系統	multistage regulation system
多极有丝分裂	多極有絲分裂	multipolar mitosis
多集落刺激因子	多群落刺激因子	multi-colony stimulating factor，multi-CSF
多价体	多價體	multivalent
多精入卵	多精入卵	polyspermy
多克隆发育区	多元繁殖區	polyclonal compartment
多克隆抗体	多株抗體	polyclonal antibody
多能干细胞	多能幹細胞	multipotential stem cell，pluripotent stem cell，PSC
多泡体	多泡體	multivesicular body
多胚现象(=多胚性)		

大 陆 名	台 湾 名	英 文 名
多胚性，多胚现象	多胎現象	polyembryony
多[潜]能细胞	多能細胞	multipotent cell
多[潜]能性	多能性，複能性	multipotency，pluripotency
多态性	多型性	polymorphism
多肽	多肽	polypeptide
多糖	多醣	polysaccharide
多线期	多線期	polytene stage
多线染色体	多線染色體，多絲染色體	polytene chromosome
多形核	多形核	polymorphic nucleus
多形核白细胞	多形核白血球	polymorphonuclear leukocyte
多形核嗜中性粒细胞	多形核[嗜]中性球	polymorphonuclear neutrophil
多着丝粒染色体	多著絲粒染色體，多中節染色體	polycentric chromosome

E

大 陆 名	台 湾 名	英 文 名
额外染色体	額外染色體	extrachromosome
恶性肿瘤	惡性腫瘤	malignant tumor
二倍体	二倍體	diploid
二倍体细胞系	二倍體細胞株	diploid cell line
二倍性	二倍性	diploidy
二分[分]裂	二分裂	binary fission
二分体	二分體	diad，dyad
二价[染色]体	兩價體	bivalent
二联体	二聯體	diad，dyad
二硫键	雙硫鍵	disulfide bond
4′，6-二脒基-2-苯基吲哚	4′，6-二脒基-2-苯基吲哚	4′，6-diamidino-2-phenylindole，DAPI
二态性，双态现象	二型性，二型現象	dimorphism
二酰甘油	二醯基甘油	diacylglycerol，DAG
二乙酸荧光素	二乙酸螢光素	fluorescein diacetate，FDA

F

大　陆　名	台　湾　名	英　文　名
发动蛋白，缢断蛋白	動力蛋白	dynamin
发动蛋白相关蛋白1	動力蛋白相關蛋白-1	dynamin-related protein 1，DRP1
发育工程	發育工程	developmental technology
法氏囊	法氏囊	bursa of Fabricius
β发夹	β髮夾	β-hairpin
番红	番紅	safranine
翻译	轉譯	translation
翻译后修饰	轉譯後修飾	post-translational modification
翻译控制	轉譯控制	translational control
翻转机制(=滚翻机制)		
翻转酶	翻轉酶	flippase
反密码子	反密碼子	anticodon
反面，成熟面	反面	trans-face
反面高尔基网	反式高基網	trans-Golgi network
反式作用	反式作用	trans-acting
反式作用因子	反式作用因子	trans-acting factor
反向PCR(=反向聚合 酶链反应)		
反向聚合酶链反应，反 向PCR	反向聚合酶連鎖反應	inverse PCR，iPCR
反向信号传送	反向訊息傳遞	reverse signaling
反向转运(=对向运输)		
反向转运体	反向轉運體	antiporter
反义DNA	反義DNA	antisense DNA
反义RNA	反義RNA	antisense RNA
反义链	模版股，反義股	antisense strand
反应中心	反應中心	reaction center
反应中心叶绿素	反應中心葉綠素	reaction-center chlorophyll
反转录PCR(=反转录 聚合酶链反应)		
反转录病毒	反轉錄病毒	retrovirus
反转录聚合酶链反应， 反转录PCR	反轉錄聚合酶連鎖反 應，反轉錄PCR	reverse transcription PCR，RT-PCR
反转录酶，逆转录酶	反轉錄酶，逆轉錄酶	reverse transcriptase
反转录转座子	逆轉位子	retrotransposon

大　陆　名	台　湾　名	英　文　名
反转录子	逆跳躍子	retroposon
反足细胞	反足細胞	antipodal cell
泛醌	泛醌	ubiquinone
泛连接蛋白	泛連接蛋白	pannexin
泛素	泛素，泛激素，泛蛋白	ubiquitin
泛素化	泛素化	ubiquitinoylation
范德瓦耳斯力	凡得瓦[爾]力	van der Waals force
防御素	防禦素	defensin
纺锤剩体	紡錘剩體	mitosome
纺锤丝	紡錘絲	spindle fiber
纺锤体	紡錘體	spindle
纺锤体自组织	紡錘體自組織	spindle self-organizer
纺锤体自组装	紡錘體自組裝，紡錘體自動配裝	spindle self-assembly
纺锤体组装检查点	紡錘體組裝檢驗點	spindle assembly checkpoint
放大率	放大率	magnification
放射免疫沉淀法	放射免疫沉澱法	radioimmunoprecipitation
放射性免疫测定	放射性免疫測定法	radioimmunoassay，RIA
放射性示踪物	放射性示蹤物	radioactive tracer
放射自显影[术]	放射自顯影術	autoradiography，radioautography
放线菌素 D	放線菌素 D，放射菌素 D，輻射狀菌素 D	actinomycin D
放线酮，环己酰亚胺	放線菌酮，環己醯亞胺	cycloheximide
非变性聚丙烯酰胺凝胶电泳	非還原性聚丙烯膠體電泳	nondenatured polyacrylamide gel electrophoresis
非重复序列	非重複序列	nonrepetitive sequence
非端着丝粒染色体	非末端著絲點染色體，非末端中節染色體	atelocentric chromosome
非翻译区	非轉譯區	untranslated region，UTR
非姐妹染色单体	非姐妹染色分體，非姊妹染色分體	non-sister chromatid
非内共生学说，细胞内分化学说	非內共生假說	non-endosymbiotic hypothesis
非染色质	非染色質	achromatin
非受体酪氨酸激酶	非受體型酪胺酸激酶	nonreceptor tyrosine kinase
非特异性免疫	非特異性免疫，非專一性免疫	non-specific immunity
非贴壁依赖性生长	不依賴固著生長	anchorage-independent growth

大　陆　名	台　湾　名	英　文　名
非贴壁依赖性细胞，不依赖贴壁细胞	不依賴貼附細胞	anchorage-independent cell
非同源染色体	非同源染色體	nonhomologous chromosome
非 T 细胞依赖性抗原，不依赖 T 的抗原，非胸腺依赖性抗原	T-非依賴型抗原，非胸腺依賴性抗原	thymus-independent antigen，T-independent antigen，TI-Ag
非胸腺依赖性抗原（=非 T 细胞依赖性抗原）		
非循环光合磷酸化	非循環光合磷酸化	noncyclic photophosphorylation
非循环式电子传递途径	非循環[式]電子傳遞途徑	noncyclic electron transport pathway
非允许细胞	非允許細胞	nonpermissive cell
非整倍体	非整倍體	aneuploid
非整倍体细胞系	非整倍體細胞株	aneuploid cell line
非整倍性	非整倍性	aneuploidy
非组蛋白	非组織蛋白	nonhistone protein，NHP
肥大细胞	肥大細胞	mast cell
费城染色体	費城染色體	Philadelphia chromosome，Ph chromosome
分辨率	解析度	resolution，resolving power
分辨限度	鑑別限度，解析度極限	limit of resolution
G 分带(=G 显带)		
Q 分带(=Q 显带)		
分隔假说	分室假說	compartmental hypothesis
分隔连接	分隔連接	septate junction
分光光度计	分光光度計	spectrophotometer
分化	分化作用	differentiation
分化抗原	分化抗原	differentiation antigen
分化抗原群	分化抗原組群	cluster of differentiation antigen，CD antigen
分拣信号	揀選訊號，分類訊號	sorting signal
KDEL 分拣信号	KDEL 分揀訊號	KDEL sorting signal
分节	環節形成	segmentation
分节基因	分節基因	segmentation gene
分离蛋白	分離蛋白	separin
分离酶	分離酶	separase
分离酶抑制蛋白	分離酶抑制蛋白	securin

大　陆　名	台　湾　名	英　文　名
分泌	分泌	secretion
分泌蛋白质	分泌蛋白	secretory protein
分泌途径	分泌途徑	secretory pathway
分泌小泡	分泌泡	secretory vesicle
分泌自噬	分泌自噬	crinophagy
分配系数	分配係數	partition coefficient
分批培养	批次培養	batch culture
分散[型]高尔基体	網狀體，高爾基體，無脊椎動物的高基氏體	dictyosome
分生组织	分生組織	meristem
分生组织培养	分生組織培養	meristem culture
分生组织细胞	分生組織細胞	meristematic cell
分析电子显微镜	分析電子顯微鏡	analytic electron microscope
分析细胞学	分析細胞學	analytical cytology
分子伴侣	保護者蛋白	chaperone，molecular chaperone
分子克隆化	分子選殖，分子群殖	molecular cloning
分子筛层析	分子篩層析	molecular sieve chromatography
分子识别	分子辨識	molecular recognition
分子细胞生物学	分子細胞生物學	molecular cell biology
分子细胞学	分子細胞學	molecular cytology
分子杂交	分子雜交	molecular hybridization
粉管核(=管核)		
封闭连接	閉鎖連接	occluding junction
封端蛋白	封閉蛋白	end-blocking protein
缝隙连接(=间隙连接)		
弗氏不完全佐剂	佛氏不完全佐劑	Freund's incomplete adjuvant，FIA
弗氏完全佐剂	佛氏完全佐劑	Freund's complete adjuvant，FCA
弗氏佐剂	佛氏佐劑，胡氏佐助劑	Freund's adjuvant
浮力密度	浮力密度	buoyant density
浮力密度离心	浮力密度離心	buoyant density centrifugation
福尔根反应	福爾根反應	Feulgen reaction
辐蛋白	輻蛋白	spokein
辐射细胞学	輻射細胞學	radiation cytology
抚育细胞	護養細胞，培細胞，營養細胞	nurse cell
辅肌动蛋白	輔肌動蛋白	actinin
辅激活蛋白(=辅激活物)		

大　陆　名	台　湾　名	英　文　名
辅激活物，辅激活蛋白	輔激活物	coactivator
辅酶 Q	輔酶 Q	coenzyme Q
辅酶Ⅰ (=烟酰胺腺嘌呤二核苷酸)		
辅酶Ⅱ (=烟酰胺腺嘌呤二核苷酸磷酸)		
NADH-辅酶 Q 还原酶	NADH-輔酶 Q 還原酶	NADH-coenzyme Q reductase
辅助性 T 细胞	輔助 T 細胞	helper T cell
辅助转录因子	輔助轉錄因子	ancillary transcription factor
辅阻遏物，协阻遏物	協同抑制因子	corepressor
[辅]佐细胞	輔助細胞，副衛細胞	accessory cell
父体效应基因	父体效應基因	paternal effect gene
负端	負端	minus end
负染色	負染色	negative staining
附加体，游离基因	游離基因體，附加體	episome
附着斑	附著斑	attachment plaque
H-2 复合体	H-2 複合體	H-2 complex
HLA 复合体(=人[类]白细胞抗原复合体)		
OXA 复合体	OXA 複合體	oxidase assembly complex，OXA complex
Sec61 复合体	Sec61 複合體	Sec61 complex
TIM 复合体(=线粒体内膜转运体复合体)		
TOM 复合体(=线粒体外膜转运体复合体)		
F_0F_1 复合物	F_0F_1 複合體	F_0F_1 complex
复盘培养	複盤培養	multitray culture
复型	複製試樣，複製品	replica
复件	復性	renaturation
复制	複製	replication
DNA 复制	DNA 複製	DNA replication
复制叉	複製叉	replication fork
复制带	複製帶	replication band
复制单位	複製單位	replication unit
复制酶	複製酶	replicase
复制起点	複製起點	replication origin
复制式培养	複製式培養	replicate culture
复制体	複製體	replisome

大　陆　名	台　湾　名	英　文　名
复制子	複製子	replicon
复壮	回春现象，還童現象	rejuvenescence
副基体	副基體	parabasal body
副密码子	副密碼子，輔密碼子	paracodon
副染色体	副染色體	accessory chromosome
副卫细胞	副衛細胞	subsidiary cell

G

大　陆　名	台　湾　名	英　文　名
钙泵	鈣離子幫浦	calcium pump
钙波	鈣波	calcium wave
钙调动	鈣調動	calcium mobilization
钙峰	鈣峰	calcium peak
钙结合蛋白质	鈣結合蛋白	calcium-binding protein
钙库	鈣庫	calcium store，calcium pool
钙连蛋白	鈣連蛋白	calnexin
钙 ATP 酶	鈣 ATP 酶	calcium ATPase
钙黏着蛋白	鈣黏蛋白	cadherin
钙调蛋白，钙调素	攜鈣素，鈣調節蛋白	calmodulin，CaM
钙调素(=钙调蛋白)		
钙通道	鈣離子通道	calcium channel
钙网蛋白	鈣網蛋白	calreticulin
钙信号	鈣訊號	calcium signal
钙振荡	鈣振盪	calcium oscillation
钙指纹	鈣指紋	calcium fingerprint
钙周期蛋白	鈣週期蛋白	calcyclin
盖玻片	蓋玻片	coverslip，cover glass
盖玻片培养	蓋玻片培養	coverslip culture
RNA 干扰	RNA 干擾	RNA interference，RNAi
干扰短 RNA	短干擾 RNA	short interfering RNA
干扰素	干擾素	interferon，IFN
干扰小 RNA	小干擾 RNA	small interfering RNA，siRNA
干涉显微镜	干擾顯微鏡	interference microscope
甘露[聚]糖结合凝集素	甘露聚醣結合凝集素	mannan-binding lectin，MBL
甘露糖	甘露糖	mannose
甘露糖-6-磷酸	甘露糖-6-磷酸	mannose-6-phosphate

大　陆　名	台　湾　名	英　文　名
甘油磷脂	甘油磷脂	glycerophosphatide
肝配蛋白	ephrin 蛋白	ephrin
肝配蛋白受体	Eph 受體	ephrin receptor
肝[实质]细胞	肝細胞	hepatocyte
肝素	肝素	heparin
肝素结合生长因子	肝素結合生長因子	heparin binding growth factor
杆状病毒	桿狀病毒	baculovirus
感受态	感受態，勝任性	competence
干细胞	幹細胞	stem cell
干细胞因子	幹細胞因子	stem cell factor，SCF
冈崎片段	岡崎片段	Okazaki fragment
高变区，超变区	高變異區	hypervariable region，HVR
高碘酸希夫反应，过碘酸希夫反应	過碘酸席夫反應，過碘酸-史氏反應	periodic acid-Schiff reaction，PAS reaction
高尔基[复合]体	高基[氏]體	Golgi body，Golgi apparatus，Golgi complex
[高尔基体]扁平膜囊	小囊，球囊	saccule
[高尔基体]转运小泡	轉運小泡	transitional vesicle
高密度脂蛋白	高密度脂蛋白	high density lipoprotein，HDL
高速离心	高速離心	high speed centrifugation
高速泳动族蛋白，HMG 蛋白	高速泳動群蛋白	high mobility group protein，HMG protein
高效液相层析	高效液相層析法	high performance liquid chromatography，HPLC
高压电子显微镜	高壓電子顯微鏡	high voltage electron microscope
高压灭菌器	高溫高壓滅菌器	autoclave
高压液相层析	高壓液相層析	high pressure liquid chromatography，HPLC
戈德堡-霍格内斯框	戈德堡-霍格内斯框	Goldberg-Hogness box
个体发生，个体发育	個體發生	ontogeny，ontogenesis
个体发育(=个体发生)		
根冠	根冠	root cap
根毛	根毛	root hair
根丝体	根絲體	rhizoplast
功能基因组学	功能基因體學，功能基因組學	functional genomics
功能性异染色质(=兼性异染色质)		

大 陆 名	台 湾 名	英 文 名
SH 功能域	SH 功能區	Src homology domain，SH domain
SH1 功能域	SH1 功能區	Src homology 1 domain，SH1 domain
SH2 功能域	SH2 功能區	Src homology 2domain，SH2 domain
SH3 功能域	SH3 功能區	Src homology 3domain，SH3 domain
共翻译运输	共同轉譯運輸	cotranslational transport
共培养	共培養	co-culture
共生体	共生體	symbiosome
共有序列	一致序列，共通序列	consensus sequence
共质	共質	symplasm
共质体	共質體	symplast
共质域	共質區	symplasmic domain
共转化	共轉化	cotransformation
共转染	共轉染	cotransfection
构件因子	結構因子	architectural factor
孤雌核配	單性核配	parthenogamy
孤雌两核融合	單性受精生殖	parthenomixis
孤雌生殖，单性生殖	單性生殖，孤雌生殖	parthenogenesis
孤雌生殖细胞	單性生殖細胞	parthenogonidium
孤雄发育(=孤雄生殖)		
孤雄生殖，孤雄发育，雄核发育	單雄生殖，雄核發育	androgenesis
古核生物	古細菌	archaea
古细菌	古細菌	archaebacteria
谷胱甘肽	麩胱甘肽，麩胱氨酸	glutathione，GSH
谷胱甘肽过氧化物酶	麩胱氨酸過氧化酶	glutathione peroxidase，GPX
谷胱甘肽 S-转移酶	麩胱氨酸 S-轉化酶	glutathione-S-transferase，GST
骨髓干细胞	骨髓幹細胞	bone marrow stem cell，BMSC
骨髓基质细胞	骨髓基質細胞	bone marrow stromal cell
骨髓瘤细胞	骨髓瘤細胞	myeloma cell
骨髓衍生干细胞	骨髓衍生幹細胞	bone marrow-derived stem cell
骨细胞	骨細胞	osteocyte
固定	固定	fixation
固定化酶	固定化酵素	immobilized enzyme
固定剂	固定劑	fixative
固定细胞培养	固定細胞培養	fixed cell culture
固定相	固定相	fixed phase，stationary phase
固绿	固綠	fast green
固体培养	固體培養	solid culture

大　陆　名	台　湾　名	英　文　名
固有分泌(=连续性分泌)		
固有免疫，先天免疫	先天性免疫	innate immunity
寡核苷酸微阵列	寡核苷酸微陣列	oligonucleotide array
寡霉素	寡黴素	oligomycin
寡糖	寡糖，低聚糖	oligosaccharide
关卡(=检查点)		
G_1关卡(=G_1检查点)		
G_2关卡(=G_2检查点)		
管胞	管胞	tracheid
管核，粉管核	管核	tube nucleus
管家基因(=持家基因)		
灌流培养系统	灌流培養系統	perfusion culture system
灌流小室培养系统	灌流腔培養系統	perfused chamber culture system
光电子运输	光電子運輸	photoelectron transport
光反应	光反應	light reaction
光合单位	光合單位	photosynthetic unit
光合磷酸化	光合磷酸化	photophosphorylation
光合碳还原环	光合碳還原環	photosynthetic carbon reduction cycle
光合作用	光合作用	photosynthesis
光呼吸	光呼吸	photorespiration
光镜(=光学显微镜)		
光面内质网	平滑内質網	smooth endoplasmic reticulum
光敏色素，植物光敏素	植物光敏色素	phytochrome
光镊	光[學]鑷子，光鉗	optical tweezers
光漂白荧光恢复技术	光漂白後螢光恢復技術	fluorescence recovery after photobleaching，FRAP
光系统	光系統	photosystem
光系统Ⅰ	光系統Ⅰ	photosystem Ⅰ，PS Ⅰ
光系统Ⅱ	光系統Ⅱ	photosystem Ⅱ，PS Ⅱ
光系统电子传递反应	光系統電子傳遞反應	photosystem electron-transfer reaction
光学显微镜，光镜	光學顯微鏡	light microscope
胱冬肽酶(=胱天蛋白酶)		
胱天蛋白酶，胱冬肽酶	凋亡蛋白酶，胱冬肽酶	caspase
胱天蛋白酶募集域	凋亡蛋白酶募集區域	caspase recruitment domain，CARD
胱天蛋白酶原	硫胱氨酸蛋白酶原	procaspase
鬼笔环肽	毒蠅虎蕈鹼	phalloidin

大　陆　名	台　湾　名	英　文　名
滚翻机制，翻转机制	翻轉機制	flip-flop mechanism
滚环复制	滾環式複製	rolling circle replication
滚瓶培养	滾瓶培養	roller bottle culture
国际细胞生物学会联合会	國際細胞生物學會聯合會	International Federation for Cell Biology，IFCB
国际细胞研究组织	國際細胞研究組織	International Cell Research Organization，ICRO
果胶	果膠	pectin
过碘酸希夫反应(=高碘酸希夫反应)		
过继免疫	過繼性免疫，繼承性免疫	adoptive immunity
过氧化氢酶	過氧化氫酶，觸媒	catalase
过氧化物酶	過氧化酶	peroxidase
过氧化物酶-抗过氧化物酶染色，PAP 染色	過氧化酶-抗過氧化酶染色法	peroxidase-anti-peroxidase staining，PAP staining
过氧化物酶体	過氧化[酶]體	peroxisome
过氧化物酶体引导信号	過氧化體標的訊號	peroxisomal targeting signal，PTS
过氧化物酶体引导序列	過氧化體標的序列	peroxisomal targeting sequence，PTS

H

大　陆　名	台　湾　名	英　文　名
海拉细胞	HeLa 細胞	HeLa cell
海绵组织	海綿組織	spongy tissue
合胞体	合胞體	syncytium
合点受精	合點受精	chalazogamy
合核体，融核体	合子核	synkaryon
合核细胞	合核細胞	synkaryocyte
ATP 合酶	ATP 合成酶	ATP synthase
合体滋养层	合體滋養層	syncytiotrophoblast
合线期(=偶线期)		
合子	[接]合子，受精卵	zygote，oosperm
合子核	合子核	zygote nucleus
合子基因	合子基因	zygotic gene
合子期	合子期	zygophase

大　陆　名	台　湾　名	英　文　名
Sma 和 Mad 相关蛋白，Smad 蛋白	Smad 和 Mad 相關蛋白，Smad 蛋白	Sma- and Mad-related protein，Smad protein
核(=[细]胞核)		
核 RNA	核 RNA	nuclear RNA
核被膜	核被膜，核套膜	nuclear envelope
核重建	核重建	nuclear reconstitution
核穿壁	核突出	nuclear extrusion
核磁共振	核磁共振	nuclear magnetic resonance，NMR
核蛋白	核蛋白	nucleoprotein
核定位信号	核定位訊號，落核訊息	nuclear localization signal，NLS
核分裂	細胞核分裂	karyokinesis
核苷酸	核苷酸	nucleotide
核骨架	核骨架	nuclear skeleton，karyoskeleton
核固缩	核固縮，染色質濃縮	karyopyknosis，pyknosis
核化蛋白(=成核蛋白)		
核环，内环	核環	nuclear ring
核基因组	核基因體	nuclear genome
核基质	核基質	nuclear matrix
核孔	核孔	nuclear pore
核孔蛋白	核孔蛋白	nucleoporin
核孔复合体	核孔複合體	nuclear pore complex
[核孔复合体]中央颗粒	中心粒	central granule
核篮	核籃	nuclear basket
核粒	核粒	karyomere
核酶，酶性核酸，RNA 催化剂	核糖核酸酵素，核糖酵素，核糖酶	ribozyme
核膜	核膜	nuclear membrane
核内倍增	核内複製	endoduplication
核内不均一 RNA，核内异质 RNA，不均一核 RNA	異質性核 RNA	heterogeneous nuclear RNA，hnRNA
核内多倍体	核内多倍體	endopolyploid
核内多倍性	核内多倍性	endopolyploidy
核内纺锤体	核内紡錘體	intranuclear spindle
核内异质 RNA(=核内不均一 RNA)		
核内有丝分裂	核内有絲分裂	endomitosis

大　陆　名	台　湾　名	英　文　名
核内有丝分裂装置蛋白	核有絲分裂構造蛋白	nuclear mitotic apparatus protein，NuMA
核内再复制	核内再複製	endoreduplication
核内周期	內環	endocycle
核配	核融合	karyogamy
核球	核球	karyosphere
核仁	核仁	nucleolus，nucleoli（复）
核仁 RNA	核仁 RNA	nucleolar RNA
核仁蛋白	核仁素	nucleolin
核仁结合染色质	核仁附著染色質	nucleolar associated chromatin
[核仁]颗粒区	顆粒區	pars granulosa
核仁内粒	核仁內粒	nucleolinus
核仁染色质	核仁染色質	nucleolar chromatin
[核仁]无定形区	非定形區	pars amorpha
[核仁]纤维蛋白	纖維絲蛋白	fibrillarin
[核仁]纤维区	纖維區	pars fibrosa
[核仁]纤维中心	纖維中心	fibrillar center，FC
核仁线	核仁線團，核仁絲	nucleolonema
核仁小 RNA	小核仁 RNA	small nucleolar RNA，snoRNA
核仁小核糖核蛋白	核仁小核糖核蛋白	small nucleolar ribonucleoprotein，snoRNP
核仁组织区	核仁組成部	nucleolus organizer region，nucleolus organizing region，NOR
核仁组织染色体	核仁組成染色體	nucleolar-organizing chromosome
核溶解	核溶解	karyolysis
核融合	核融合	nuclear fusion，karyomixis
核受体	核受體	nuclear receptor
[核]输出蛋白	輸出蛋白	exportin
核输出受体	核輸出受體	nuclear export receptor
核输出信号	核輸出訊號	nuclear export signal
[核]输入蛋白	輸入蛋白	importin
核输入受体	核輸入受體	nuclear import receptor
核输入信号	核輸入訊號	nuclear import signal
核酸分子杂交	核酸分子雜交	molecular hybridization of nucleic acid
核碎裂	核碎裂	nuclear fragmentation，karyorrhexis
核糖核蛋白	核糖核蛋白	ribonucleoprotein，RNP
核糖[核蛋白]体	核糖體	ribosome
核糖核酸	核糖核酸	ribonucleic acid，RNA
核糖核酸酶	核糖核酸酶	ribonuclease，RNase

大　陆　名	台　湾　名	英　文　名
ADP-核糖基化因子	腺苷二磷酸核醣化因子	ADP-ribosylation factor，ARF
核糖体 DNA	核糖體 DNA	ribosomal DNA，rDNA
核糖体 RNA	核糖體 RNA	ribosomal RNA，rRNA
核糖体结合糖蛋白	核糖體定位蛋白	ribophorin
核糖体结合位点	核糖體結合位	ribosome binding site
核糖体识别位点	核糖體辨識位	ribosome recognition site
核体	核質體	karyoplast
核酮糖-1, 5-双磷酸	核酮糖-1, 5-雙磷酸	ribulose-1, 5-bisphosphate，RuBP
核酮糖-1, 5-双磷酸羧化酶	核酮糖-1, 5-雙磷酸羧化酶	ribulose-1, 5-bisphosphate carboxylase，RuBP carboxylase
核酮糖-1, 5-双磷酸羧化酶/加氧酶	核酮糖-1, 5-雙磷酸羧化/加氧酶	ribulose-1, 5-bisphophate carboxylase/oxygenase，rubisco
核网	核網	nuclear reticulum，nuclear network
核网期	核網期	dictyotene
核纤层	核内膜蛋白片層	nuclear lamina
核纤层蛋白	核纖層蛋白，核薄層蛋白	lamin
核纤层蛋白丝	薄層細絲	lamin filament
核小 RNA	小胞核 RNA	small nuclear RNA，snRNA
U-核小核糖核蛋白	U-小核核糖核蛋白	U-small nuclear ribonucleoprotein，U-snRNP
核小体	核小體	nucleosome
核形态学	核形態學	karyomorphology
核型，染色体组型	核型，染色體組型	karyotype
核型分类学	核型分類學	karyotaxonomy
核型分析	核型分析	karyotyping
核型模式图，染色体组型图	染色體圖，染色體組型圖	karyogram，idiogram
核液	核液	nuclear sap，karyolymph
核衣壳，核壳体	核蛋白衣，核鞘	nucleocapsid
核移植	核移植	nuclear transplantation
核因子 κB	細胞核卡帕 B 因子，核[轉錄]因子 κB	nuclear factor kappa-light-chain-enhancer of activated B cell，nuclear factor-κB，NF-κB
核质	核質	nucleoplasm，karyoplasm
核质比	核質比	nuclear-cytoplasmic ratio
核质蛋白	核質蛋白	nucleoplasmin

大　陆　名	台　湾　名	英　文　名
核质环	核質環	nucleoplasmic ring
核质杂种细胞	核質雜交細胞	nucleo-cytoplasmic hybrid cell
核质指数	核質指數	nucleoplasmic index
核周池	核周[緣]池，核周潴泡	perinuclear cisterna
核周蛋白(=核转运蛋白)		
核周体	核周質	perikaryon
核周隙	核膜間隙	perinuclear space
核转运蛋白,核周蛋白	核運輸蛋白	karyopherin
核组装	核組裝	nuclear assembly
盒式机制	片盒機制	cassette mechanism
黑素细胞	黑色素細胞	melanocyte
黑素细胞干细胞	黑色素幹細胞	melanocyte stem cell
恒定[表达]酶(=组成酶)		
恒定分泌途径(=连续分泌途径)		
恒定区	恆定區	constant region
恒定型分泌(=连续性分泌)		
恒定性剪接(=组成性剪接)		
恒定性启动子(=组成性启动子)		
恒定性异染色质(=组成性异染色质)		
横小管，T 小管	横管	transverse tubule，T-tubule
红外光显微镜	紅外光顯微鏡	infrared microscope
红细胞	紅血球	erythrocyte，red blood cell
红细胞血影	紅血球造影	erythrocyte ghost
后成说，渐成论	後生說，漸成論	epigenesis
后基因组计划	後基因體計畫	post genome project
后期	後期	anaphase
后期 A	後期 A	anaphase A
后期 B	後期 B	anaphase B
后期促进复合物	後期促進複合體	anaphase-promoting complex，APC
后随链	遲滯股	lagging strand
厚壁细胞	厚壁細胞	sclerenchyma cell

大　陆　名	台　湾　名	英　文　名
厚角细胞	厚角細胞	collenchyma cell
呼吸链	呼吸鏈	respiratory chain
糊粉粒	糊粉粒	aleurone grain
琥珀酸脱氢酶	琥珀酸脫氫酶	succinate dehydrogenase
互补 DNA	互補 DNA，反向轉錄 DNA	complementary DNA，cDNA
互补决定区	互補決定區	complementarity determining region，CDR
互补位	互補位	paratope
花粉	花粉	pollen
花粉母细胞	花粉母細胞	pollen mother cell
花粉内壁	花粉內壁	intine
花粉培养	花粉培養	pollen culture
花粉外壁	花粉外壁	exine，extine
花结形成细胞	花結形成細胞	rosette forming cell，RFC
花器官培养	花器官培養	flower culture
花生凝集素	花生凝集素	peanut agglutinin，PNA
花束期	花束期	bouquet stage
花药培养	花藥培養	anther culture
化生(=组织转化)		
DNA 化学测序法	DNA 化學定序法	chemical method of DNA sequencing
化学降解法	化學降解法	chemical degradation method
化学排斥物	化學排斥物	chemorepellent
化学渗透	化學滲透	chemiosmosis
化学渗透[偶联]学说	化學滲透[偶聯]學說	chemiosmotic [coupling] hypothesis
化学引诱物	化學引誘物	chemoattractant
踝蛋白	Talin 蛋白	talin
坏死	壞死	necrosis
还原电位	還原電位	reduction potential
还原型辅酶Ⅰ(=还原型烟酰胺腺嘌呤二核苷酸)		
还原型辅酶Ⅱ(=还原型烟酰胺腺嘌呤二核苷酸磷酸)		
还原型黄素腺嘌呤二核苷酸	還原型黃素腺嘌呤二核苷酸	reduced flavin adenine dinucleotide，FADH$_2$
还原型烟酰胺腺嘌呤二核苷酸，还原型辅	還原型菸鹼醯胺腺嘌呤二核苷酸，還原型	reduced nicotinamide adenine dinucleotide，NADH

大　陆　名	台　湾　名	英　文　名
酶Ⅰ	輔酶Ⅰ	
还原型烟酰胺腺嘌呤二核苷酸磷酸，还原型辅酶Ⅱ	還原型菸鹼醯胺腺嘌呤二核苷酸磷酸，還原型輔酶Ⅱ	reduced nicotinamide adenine dinucleotide phosphate，NADPH
D 环合成(=D 祥合成)		
环己酰亚胺(=放线酮)		
环孔片层	環狀層片	annulate lamella
环鸟苷[一磷]酸	環單磷酸鳥苷	cyclic guanylic acid，cyclic guanosine monophosphate，cGMP
环腺苷酸	環腺核苷[單磷]酸，環單磷酸腺苷	cyclic adenylic acid，cyclic adenosine monophosphate，cAMP
环状亚单位	環狀次單元	annular subunit
黄化质体	黄化質體	etioplast
黄嘌呤氧化酶	黄嘌呤氧化酶	xanthine oxidase
黄素单核苷酸	黄素單核苷酸	flavin mononucleotide，FMN
黄素蛋白	黄素蛋白	flavoprotein，FP
黄素腺嘌呤二核苷酸	黄素腺嘌呤二核苷酸	flavin adenine dinucleotide，FAD
灰色新月	灰色新月	gray crescent
回复体	回復突變體	revertant
回收运输	回收運輸	retrieval transport
回文序列	迴文，旋轉對稱順序	palindrome
汇合培养，铺满培养	滿盤培養	confluent culture
混倍体	混倍體	mixoploid
混倍性	混倍性	mixoploidy
混合淋巴细胞反应	混合淋巴細胞反應	mixed lymphocyte reacion，MLR
活化(=激活)		
活化巨噬细胞	活化巨噬細胞	activated macrophage
活化素(=激活蛋白)		
活体染料	活體染料	vital stain，vital dye
活性部位	活性部位	active site
获得性免疫	後天性免疫	acquired immunity
获能	精子獲能過程	capacitation

J

大　陆　名	台　湾　名	英　文　名
肌成纤维细胞	肌纖維母細胞	myofibroblast
肌醇三磷酸	肌醇三磷酸	inositol triphosphate，IP$_3$
肌动蛋白	肌動蛋白	actin
F肌动蛋白(=纤丝状肌动蛋白)		
G肌动蛋白(=球状肌动蛋白)		
[肌动蛋白]成束蛋白	成束蛋白	dematin
肌动蛋白断裂蛋白	肌動蛋白裂解蛋白	actin-fragmenting protein
肌动蛋白结合蛋白	肌動蛋白結合蛋白	actin-binding protein
[肌动蛋白]解聚蛋白	去聚合蛋白	depactin，actin-depolymerizing protein
肌动蛋白解聚因子	肌動蛋白去聚合因子，肌動蛋白脱聚合因子	actin-depolymerizing factor，ADF
肌动蛋白粒	肌動蛋白粒	actomere
肌动蛋白丝	肌動蛋白纖維	actin filament
肌动蛋白丝解聚蛋白	肌動蛋白纖維去聚合蛋白	actin filament depolymerizing protein
肌动蛋白相关蛋白	肌動蛋白相關蛋白	actin-related protein，ARP
[肌动蛋白]抑制蛋白	前纖維蛋白，G肌動蛋白結合蛋白	profilin
肌动球蛋白	肌動凝蛋白，肌纖凝蛋白	actomyosin
肌钙蛋白	肌鈣蛋白	troponin
肌管	肌管	myotube
肌红蛋白	肌紅蛋白，肌紅素	myoglobin
肌节	肌節	sarcomere
肌巨蛋白	肌巨蛋白	titin
肌粒	肌粒[體]，肌粒線體	sarcosome
肌膜	肌纖維膜	sarcolemma
肌球蛋白	肌凝蛋白，肌球蛋白	myosin
肌球蛋白轻链激酶	肌球蛋白輕鏈激酶	myosin light chain kinase，MLCK
肌球蛋白丝	肌凝蛋白絲	myosin filament
肌肉细胞	肌肉細胞	muscle cell
肌上皮细胞	肌上皮細胞	myoepithelial cell

大 陆 名	台 湾 名	英 文 名
肌丝	肌絲	myofilament
肌丝滑动模型	滑絲模型	sliding filament model
肌萎缩蛋白, 肌养蛋白, 肌营养不良蛋白	肌萎縮蛋白	dystrophin
肌细胞	肌細胞	myocyte
肌细胞生成蛋白(=成肌蛋白)		
肌纤维	肌纖維	muscle fiber, myofiber
肌线	肌纖維, 肌絲	myoneme
肌小管	肌小管	sarcotubule
肌养蛋白(=肌萎缩蛋白)		
肌营养不良蛋白(=肌萎缩蛋白)		
肌原纤维	肌原纖維	myofibril
肌质	肌漿, 肌質	sarcoplasm
肌质网	肌漿網, 肌質網	sarcoplasmic reticulum
基板	基板	placode
基[底]膜	基底膜	basement membrane, basal lamina
基粒	基粒	granum, grana(复)
基粒类囊体	基粒類囊體	granum-thylakoid
基粒片层	基粒薄片	grana lamella
基片	基板	basal plate
基体	基體, 基粒	basal body, basal granule
基细胞	基細胞	basal cell
基序(=结构域)		
基因	基因	gene
Bcl-2 基因	Bc1-2 基因	Bcl-2 gene
bicoid 基因	*bicoid* 基因	*bicoid* gene, *bcd* gene
p53 基因	*p53* 基因	*p53* gene
src 基因	*src* 基因	sarcoma gene, *src* gene
基因靶向, 基因打靶	基因標的, 基因標靶	gene targeting
基因表达	基因表現	gene expression
基因表达的系列分析	基因表現系列分析法	serial analysis of gene expression, SAGE
[基因]表达子	表達子	expressor
基因捕获	基因捕獲	gene trap
基因重排	基因重排	gene rearrangement
基因打靶(=基因靶向)		

大　陆　名	台　湾　名	英　文　名
基因带(=基因线)		
基因递送	基因傳送	gene delivery
基因定位	基因定位	gene localization
基因跟踪	基因追蹤	gene tracking
基因工程(=遗传工程)		
基因克隆	基因選殖	gene cloning
基因库	基因庫	gene bank，GenBank
基因扩增	基因擴增，基因增殖， 　　基因複製	gene amplification
基因连锁	基因連鎖	gene linkage
基因内互补	基因內互補	intragenic complementation
基因枪	基因槍	gene gun
基因敲除，基因剔除	基因剔除，基因移除	gene knock-out
基因敲除小鼠	基因剔除小鼠	gene knock-out mouse
基因敲减，基因敲落	基因失活，基因弱化	gene knock-down
基因敲落(=基因敲减)		
基因敲入	基因送入	gene knock-in
基因剔除(=基因敲除)		
基因调节蛋白	基因調控蛋白	gene regulatory protein
基因突变	基因突變	gene mutation
基因图[谱]	基因圖	gene map
基因文库	基因資料庫，基因庫	gene library
基因线，基因带	基因線	genonema，genophore
基因芯片	基因晶片	gene chip
基因诊断	基因診斷	gene diagnosis
基因治疗	基因治療，基因療法	gene therapy
基因置换	基因置換	gene substitution
基因转移	基因轉移	gene transfer
基因组	基因體	genome
基因组步查，基因组步 　移	基因體步查，基因體步 　移	genomic walking
基因组步移(=基因组 　步查)		
基因组计划	基因體計畫	genome project
基因组调控	基因體調控	genomic control
基因组文库	基因體資料庫	genomic library
基因组学	基因體學	genomics
基因作图	基因作圖	gene mapping

大　陆　名	台　湾　名	英　文　名
基质金属蛋白酶	基質金屬蛋白酶	matrix metalloproteinase，MMP
基质类囊体	基質類囊體	stroma-thylakoid
基质片层	基質板層，基質片層	stroma lamella
畸胎癌	畸胎癌	teratocarcinoma，teratoma
激光扫描共聚焦显微镜	鐳射掃描共軛焦顯微鏡	laser scanning confocal microscope，LSCM
激活，活化	活化	activation
激活蛋白，激活素，活化素	活化素	activin
激活素(=激活蛋白)		
激酶	激酶	kinase
A 激酶	蛋白激酶 A	A kinase
Jun 激酶	Jun 激酶	Jun kinase，JNK
MAP 激酶(=促分裂原活化的蛋白激酶)		
激素	激素，荷爾蒙	hormone
吉姆萨染液	吉氏染料，吉氏染色	Giemsa stain
级联反应	級聯反應	cascade
极低密度脂蛋白	極低密度脂蛋白	very low density lipoprotein，VLDL
极高密度脂蛋白	極高密度脂蛋白	very high density lipoprotain，VHDL
极光激酶 A	極光激酶 A	Aurora A
极光激酶 B	極光激酶 B	Aurora B
极核	極核	polar nucleus
极化	極化	polarization
极化细胞	極化細胞	polarized cell
极粒，生殖细胞决定子	極粒	polar granule
极帽	極帽	polar cap，polar zone
极体	極體	polar body，polocyte
极微管	極微管	polar microtubule
极细胞	極細胞	pole cell
极纤维	極纖維	polar fiber
极性	極性	polarity
极样激酶 1，Polo 样激酶 1	Polo 样激酶 1	Polo-like kinase 1，Plk1
极叶	極葉	polar lobe
极质	極質	polar plasma
急拍蛋白(=快蛋白)		
棘胞	棘[細]胞	acanthocyte

大　陆　名	台　湾　名	英　文　名
集光中心(=捕光中心)		
集落	細胞群落	colony
集落刺激因子	群落刺激因子	colony stimulating factor，CSF
集落形成单位	細胞群落形成單位	colony forming unit，CFU
集落形成率	細胞群落形成效率	colony forming efficiency，CFE
集落形成细胞	細胞群落形成細胞	colony forming cell，CFC
脊索	脊索	notochord
嵴	嵴，脊	crista，cristae(复)
记忆细胞	記憶細胞	memory cell
继代培养，传代培养	繼代培養	secondary culture，subculture
RNA 加工	RNA 加工，RNA 處理	RNA processing
加帽	罩蓋現象	capping
加帽蛋白	加帽蛋白	capping protein
加帽位点	帽位點	cap site
Alu 家族	*Alu* 家族	*Alu* family
甲苯胺蓝	甲苯胺藍	toluidine blue
DNA 甲基化	DNA 甲基化	DNA methylation
甲基绿	甲基綠	methyl green
甲基绿-派洛宁染色	甲基綠-派洛寧染色	methyl green-pyronin staining
m^{7}甲基鸟嘌呤核苷	m^{7}甲基鳥嘌呤核苷	m^{7}GpppN
甲基紫	甲基紫	methyl violet
甲硫氨酸 tRNA	甲硫胺酸 tRNA	methionine tRNA，tRNA^{met}
甲酰甲硫氨酰 tRNA	甲醯甲硫胺酸 tRNA	formylmethionyl-tRNA，fMet-tRNA
甲状腺素受体	甲狀腺素受體	thyroid hormone receptor
钾[渗]通道	鉀[渗]通道	potassium [leak] channel
假孢囊	擬胞囊，假囊	pseudocyst
假二倍体	偽二倍體	pseudodiploid
嫁接	移植	grafting
间插序列	介入序列	intervening sequence，IVS
间充质	間葉組織	mesenchyme
间充质干细胞	間質幹細胞，間葉幹細胞	mesenchymal stem cell，MSC
间带	間帶	interband
间距因子	間距因子	spacing factor
间期	[分裂]間期	interphase
间期染色体	間期染色體	interphase chromosome
间体，中膜体	間體	mesosome
间性体(=雌雄间体)		

大　陆　名	台　湾　名	英　文　名
兼[性]孤雌生殖	兼性孤雌生殖	facultative parthenogenesis
兼性异染色质，功能性异染色质	兼性異染色質	facultative heterochromatin
减核精子	减[染色]體精子	oligopyrene sperm
减数分裂	減數分裂	meiosis
[减数]分裂间期	分裂間期，間期	interkinesis
剪接	剪接	splicing
RNA 剪接	RNA 剪接	RNA splicing
剪接体	剪接體	spliceosome
剪接位点	剪接位	splice site
检查点，关卡，检控点	檢查點，關卡，檢控點	checkpoint
G_1 检查点，G_1 关卡	G_1 檢查點，G_1 關卡	G_1 phase checkpoint
G_2 检查点，G_2 关卡	G_2 檢查點，G_2 關卡	G_2 phase checkpoint
检控点(=检查点)		
简单扩散，单纯扩散	簡單擴散	simple diffusion
碱基特异性裂解法	鹼基特異性裂解法	base-specific cleavage method
碱性副品红	副玫瑰色素，p,p',p''-三胺三苯甲醇，參[對胺苯]甲醇	pararosaniline
碱性品红	鹼性品紅，鹼性復紅	basic fuchsin
间接免疫荧光	間接免疫螢光	indirect immunofluorescence
间隙连接，缝隙连接	縫隙連接，隙型連結	gap junction
渐成论(=后成说)		
鉴别染色	鑑別性染色，鑑別染色法	differential staining
浆细胞	漿細胞	plasma cell
降钙素	抑鈣素	calcitonin，CT
降解体	降解體	degradosome
RNA 降解体	RNA 分解體	RNA degradosome
交叉	交叉	chiasma
交叉端化	交叉末端化	chiasma terminalization
交换	交換，互換	crossing over
交联蛋白	交聯蛋白	cross-linking protein
交配型	交配型	mating type
胶原	膠原蛋白	collagen
胶原纤维	膠原蛋白纖維	collagen fiber
胶原原纤维	膠原蛋白細纖維	collagen fibril
胶质细胞	神經膠細胞，膠細胞	glial cell

大 陆 名	台 湾 名	英 文 名
胶质细胞原纤维酸性蛋白	神經膠質纖維酸性蛋白	glial fibrillary acidic protein，GFAP
角蛋白丝	細胞角蛋白纖維	cytokeratin filament
角[质化]蛋白	角[質]蛋白	keratin
角质[形成]细胞	角質細胞	keratinocyte
窖蛋白(=陷窝蛋白)		
酵母	酵母	yeast
酵母人工染色体	酵母人工染色體	yeast artificial chromosome，YAC
接触导向	接觸導向	contact guidance
接触抑制	接觸抑制	contact inhibition
接合	接合	conjugation，zygosis
接合孢子	接合孢子	zygospore
接合后体	接合後體	exconjugant
接合体	接合體	conjugant
结蛋白	肌絲間蛋白	desmin
结蛋白丝	結蛋白絲	desmin filament
结缔组织	結締組織	connective tissue
结构基因	結構基因	structural gene
结构基因组学	結構基因體學	structural genomics
结构域，模体，基序	模體，模組，功能區域	motif
β-α-β 结构域，β-α-β 模体	β-α-β 結構域	β-α-β motif，beta-alpha-beta motif
结合变构模型	結合改變模型	binding-change model
结合蛋白	親源蛋白	bindin
GTP 结合蛋白	GTP 結合蛋白	GTP-binding protein
TATA 结合蛋白	TATA 結合蛋白	TATA-binding protein，TBP
TBP 结合因子	TBP 結合因子	TBP-associated factor，TAF
结晶紫	結晶紫	crystal violet
结瘤蛋白	根瘤素	nodulin
姐妹染色单体，姊妹染色单体	姊妹染色分體	sister chromatid
姐妹染色单体重组	姊妹染色分體重組	sister chromatid recombination
姐妹染色单体分离	姊妹染色分體分離，姊妹染色分體分開	sister chromatid segregation，sister chromatid separation
姐妹染色单体交换	姊妹染色分體互換	sister chromatid exchange，SCE
解链蛋白质	鬆解蛋白質	unwinding protein
解偶联	解偶聯	uncoupling
解偶联剂	解偶聯劑	uncoupler

大　陆　名	台　湾　名	英　文　名
解剖显微镜(=立体显微镜)		
解旋酶	解旋酶	untwisting enzyme，unwinding enzyme，helicase
DNA 解旋酶	DNA 解螺旋酶	DNA helicase
RNA 解旋酶	RNA 解旋酶	RNA helicase
解折叠酶	解折疊酶	unfoldase
金属格栅培养	金屬格柵培養	gold grid culture，Trowell's technique
紧密连接	緊密連接，緊密型連結	tight junction，zonula occludens
近端着丝粒染色体	近端中節染色體，著絲點在頂端的染色體	acrocentric chromosome
近分泌信号传送	旁泌訊息傳遞	juxtacrine signaling
近上皮细胞	變表皮細胞，轉化上皮細胞	adepithelial cell
近中着丝粒染色体，亚中着丝粒染色体	次中節染色體，不等臂染色體	submetacentric chromosome
进化胚胎学	演化胚胎學	evolutionary embryology
进入位点	進入位點	entry site
经典假说	經典假說	classical hypothesis
经裂	經裂，經割	meridional cleavage
茎尖培养	莖尖培養	shoot tip culture
晶状体蛋白	晶狀體蛋白	phakinin
晶状体丝蛋白	晶狀體絲蛋白	filensin
精包(=精子包囊)		
精母细胞	精母細胞	spermatocyte
精细胞变态(=精子形成)		
精原细胞	精原細胞	spermatogonium
精子	精子	sperm，spermatozoon
精子包囊，精包	精子包囊	spermatophore
精子发生	精子生成	spermatogenesis
精子分化(=精子形成)		
精子器	藏精器	antheridium
精[子]细胞	精細胞	spermatid
精子形成，精细胞变态，精子分化	精子形成	spermiogenesis
颈卵器	藏卵器	archegonium
颈区	頸區	neck region

大　陆　名	台　湾　名	英　文　名
颈体	頸體	neck body
静纤毛	靜纖毛	stereocilium
静置培养	靜置培養	static culture
镜台测微尺	載物臺測微尺	stage micrometer
局质分泌	局部分泌	merocrine
橘黄 G	橘色 G	orange G
巨大染色体,巨型染色体	巨大染色體	giant chromosome
巨核细胞	巨核細胞	megakaryocyte
巨球蛋白(=免疫球蛋白 M)		
巨噬细胞	巨噬細胞	macrophage
巨噬细胞集落刺激因子	巨噬細胞群落刺激因子	macrophage colony-stimulating factor, M-CSF
巨型染色体(=巨大染色体)		
聚丙烯酰胺凝胶电泳	聚丙烯醯胺凝膠電泳	polyacrylamide gel electrophoresis, PAGE
聚光镜	聚光鏡	condenser
聚合酶	聚合酶,聚合脢	polymerase
DNA 聚合酶	DNA 聚合酶	DNA polymerase
RNA 聚合酶	RNA 聚合酶	RNA polymerase
聚合酶链[式]反应	聚合酶連鎖反應	polymerase chain reaction, PCR
聚拢蛋白(=内收蛋白)		
聚丝蛋白	絲聚蛋白	filaggrin
N-聚糖酶	N-聚糖酶	N-glycanase
卷曲螺旋	捲曲螺旋,雙纏螺旋,纏繞式捲曲	coiled-coil
卷曲螺旋重复功能域,卷曲螺旋重复模体	螺旋捲曲重複功能域	coiled-coil repeat motif
决定子	決定子	determinant
均等分裂	均等分裂	equal division
菌毛,伞毛	纖毛	pilus, fimbrium
菌毛蛋白,伞毛蛋白	纖毛蛋白,緣緣蛋白	pilin, fimbrillin
菌紫红质	細菌視紫質	bacteriorhodopsin

K

大　陆　名	台　湾　名	英　文　名
卡尔文循环	卡爾文循環	Calvin cycle
凯氏带	卡氏帶	Casparian band，Casparian strip
抗癌基因，抑癌基因	抗癌基因	antioncogene
抗凋亡蛋白	抑凋亡蛋白	anti-apoptotic protein
抗毒素	抗毒素	antitoxin
抗毒素血清	抗毒素血清	antitoxic serum
抗独特型抗体	抗個體基因型抗體	antiidiotypic antibody
抗抗体	抗抗體	anti-antibody
抗生物素蛋白，亲和素	抗生物素蛋白，卵白素	avidin
抗生物素蛋白-生物素染色	卵白素-生物素染色	avidin-biotin staining
抗体	抗體	antibody，Ab
抗体 H 链(=抗体重链)		
抗体 L 链(=抗体轻链)		
抗体轻链，抗体 L 链	抗體輕鏈	light chain of antibody
抗体芯片	抗體晶片	antibody chip
抗体依赖性细胞介导的细胞毒作用(=依赖抗体的细胞毒性)		
抗体重链，抗体 H 链	抗體重鏈	heavy chain of antibody
抗血清	抗血清	antiserum
抗原	抗原	antigen，Ag
H-2 抗原	H-2 抗原	H-2 antigen
Ia 抗原(=I 区相关抗原)		
MHC 抗原(=主要组织相容性复合体抗原)		
抗原呈递细胞(=抗原提呈细胞)		
抗原加工	抗原處理	antigen processing
抗原交联	抗原交聯	antigen cross-linking
抗原结合部位	抗原結合位	antigen-binding site
抗原决定簇	抗原決定基，抗原決定區，表位	antigenic determinant
抗原受体	抗原受體	antigen receptor

大　陆　名	台　湾　名	英　文　名
抗原提呈	抗原呈現	antigen presenting
抗原提呈细胞，抗原呈递细胞，呈递抗原细胞	抗原呈現細胞	antigen-presenting cell，APC
考马斯[亮]蓝	考馬析藍，考馬悉亮藍	Coomassie [brilliant] blue
颗粒细胞(=卵泡细胞)		
颗粒性分泌	顆粒性分泌	granulocrine
颗粒组分	顆粒組成份	granular component，GC
可变剪接，选择性剪接	選擇式剪接	alternative splicing
可变区	[可]變異區	variable region
可读框	開放譯讀區，開放讀碼區，展讀區	open reading-frame
可溶性 NSF 附着蛋白	可溶性 NSF 附著蛋白	soluble NSF attachment protein，SNAP
可溶性 NSF 附着蛋白受体，SNAP 受体	可溶性 NSF 附著蛋白受體	soluble NSF attachment protein receptor，SNARE
克雷布斯循环(=三羧酸循环)		
克隆，无性繁殖系	複製	clone
克隆变异	無性複製變異	clonal variation
克隆变异体	無性複製變異體，無性複製變異株	clonal variant
克隆繁殖	無性繁殖	clonal propagation
克隆化	複製，選殖	cloning
克隆扩增	複製擴增	clonal expansion
克隆率	複製效率	cloning efficiency
克隆选择学说	無性繁殖系選擇學說，單株選擇學說，單源選擇學說	clonal selection theory
克隆载体	複製載體	cloning vector，cloning vehicle
空斑形成细胞，蚀斑形成细胞	溶[菌]斑形成細胞	plaque forming cell，PFC
孔膜区	孔膜區	pore membrane domain
跨膜蛋白(=穿膜蛋白)		
跨细胞运输(=穿细胞运输)		
快蛋白，急拍蛋白	外毛細胞運動蛋白	prestin
快速冷冻	快速冷凍	quick freezing

大　陆　名	台　湾　名	英　文　名
快速冷冻深度蚀刻	快速冷凍深度蝕刻	quick freeze deep etching
TATA 框	TATA 框	TATA box
HMG 框结构域，HMG 框模体	HMG 框模體，HMG 框結構域	HMG-box motif
HMG 框模体(=HMG 框结构域)		
醌循环	醌循環	quinone cycle
DNA 扩增	DNA 增殖作用	DNA amplification
扩增子	擴增子，複製子	amplicon

L

大　陆　名	台　湾　名	英　文　名
蓝细菌	藍[綠]菌	cyanobacterium
蓝藻	藍綠菌，藍綠藻	blue-green algae
朗格汉斯细胞	朗格漢氏細胞	Langerhans cell
劳斯肉瘤病毒	勞斯肉瘤病毒	Rous sarcoma virus，RSV，avian sarcoma virus，ASV
酪氨酸激酶	酪胺酸激酶	tyrosine kinase
酪氨酸激酶偶联受体	酪胺酸激酶偶聯受體	tyrosine kinase-linked receptor
类病毒	類病毒	viroid
类固醇受体	類固醇受體	steroid receptor
类核(=拟核)		
类菌体	類細菌	bacteroid
类囊体	類囊體	thylakoid
类萜	類萜	terpenoid
冷冻保护剂	冷凍保護劑	cryoprotectant
冷冻超薄切片术	冷凍超薄切片技術	cryoultramicrotomy，ultracryotomy
冷冻断裂，冷冻撕裂	冷凍斷裂，冷凍裂解	freeze fracturing，freeze cleaving，freeze cracking
冷冻断裂蚀刻复型技术	冷凍斷裂蝕刻複製技術	freeze fracture etching replication
冷冻固定	冷凍固定	cryofixation
冷冻切片术	冷凍切片術	freezing microtomy，cryotomy
冷冻蚀刻，冰冻蚀刻	冷凍蝕刻	freeze etching
冷冻撕裂(=冷冻断裂)		
冷冻置换	冷凍置換	freeze substitution
离体(=体外)		

大 陆 名	台 湾 名	英 文 名
[离体]根培养	根培養	root culture
[离体]茎培养	莖培養	stem culture
离心	離心	centrifugation
离子交换层析	離子交換層析法	ion exchange chromatography
离子交换树脂	離子交換樹脂	ion exchange resin
离子交换柱	離子交換管柱	ion exchange column
离子通道	離子通道	ion channel
离子通道型受体	離子通道型受體	ionotropic receptor
离子载体	離子載體	ionophore
离子转运蛋白	離子運輸蛋白	ion transporter
立体显微镜,体视显微镜,解剖显微镜	立體顯微鏡	stereomicroscope, dissecting microscope
粒细胞,有粒白细胞	顆粒球,顆粒白血球	granulocyte
粒细胞集落刺激因子	顆粒球群落刺激因子	granulocyte colony stimulating factor, G-CSF
粒细胞-巨噬细胞集落刺激因子	顆粒球-巨噬細胞群落刺激因子	granulocyte-macrophage colony stimulating factor, GM-CSF
粒子轰击	粒子轟擊法	particle bombardment
粒子枪	粒子槍	particle gun
N-连接寡糖	N-連接寡糖	N-linked oligosaccharide
O-连接寡糖	O-連接寡糖	O-linked oligosaccharide
连接酶	連接酶	ligase
DNA 连接酶	DNA 連接酶	DNA ligase
连接子	接合質	connexon
连接子蛋白	接合蛋白	connexin
连丝小管	連絲小管	desmotubule
连锁图	連鎖圖譜	linkage map
连续分泌途径,恒定分泌途径	固有分泌途徑,恆定分泌途徑	constitutive secretory pathway
连续流动培养系统	連續流動培養系統	continuous flow culture system
连续培养	連續培養	continuous culture
连续切片	連續切片	serial section
连续细胞系(=无限细胞系)		
连续性分泌,固有分泌,恒定型分泌	固有分泌,恆定型分泌	constitutive secretion
联蛋白	連環蛋白	catenin
联合蛋白聚糖(=黏结		

大　陆　名	台　湾　名	英　文　名
蛋白聚糖)		
MHC 联合识别(=主要组织相容性复合体联合识别)		
联会	聯會	synapsis，syndesis
联会复合体	聯會複合體	synaptonemal complex，SC
[联会复合体]中央成分	中央成分	central element
联会面	聯會面	synaptic plane
联丝蛋白	聯絲蛋白	synemin
链终止法	鍊終止法	chain termination method
两亲性	兩親性	amphiphilicity，amphipathy
两性融合	兩性融合	amphimixis
两性生殖	兩性生殖，有性生殖	bisexual reproduction
亮氨酸拉链	白胺酸拉鍊	leucine zipper
亮氨酸拉链结构域，亮氨酸拉链模体	白胺酸拉鍊結構域	leucine zipper motif，LZ motif
亮氨酸拉链模体(=亮氨酸拉链结构域)		
亮绿	亮綠	light green
裂体生殖	分裂[生殖]	fissiparity，fission
裂隙基因	缺口基因	gap gene
临界点干燥法	臨界點乾燥法	critical-point drying method
淋巴毒素	淋巴毒素	lymphotoxin，LT
淋巴瘤	淋巴瘤	lymphoma
淋巴母细胞，原淋巴细胞	淋巴母細胞	lymphoblast
淋巴细胞	淋巴細胞，淋巴球	lymphocyte
B[淋巴]细胞	B[淋巴]細胞，B 淋巴球	B lymphocyte，B cell
T[淋巴]细胞	T[淋巴]細胞，T 淋巴球	T lymphocyte，T cell
淋巴细胞归巢	淋巴細胞歸家	lymphocyte homing
淋巴细胞归巢受体	淋巴細胞歸家受器	lymphocyte homing receptor，LHR
淋巴细胞受体谱	淋巴細胞受體譜	lymphocyte receptor repertoire
[淋巴细胞]杂交瘤	雜交瘤，融合瘤	hybridoma
[淋巴细胞]杂交瘤技术	融合瘤技術	hybridoma technique

大　陆　名	台　湾　名	英　文　名
淋巴因子	淋巴介質	lymphokine
淋巴因子激活的杀伤细胞，LAK 细胞	淋巴介質活化性殺手細胞	lymphokine-activated killer cell，LAK cell
磷壁酸	磷壁酸	teichoic acid
磷酸化	磷酸化[作用]	phosphorylation
磷酸肌醇	磷酸肌醇	phosphoinositide
磷酸肌酸	磷酸肌酸	phosphocreatine，creatine phosphate
磷酸激酶	磷酸激酶	phosphokinase
磷酸酪氨酸磷酸酶	磷酸酪胺酸磷酸酶	phosphotyrosine phosphatase
磷酸酶	磷酸酶	phosphatase
磷脂	磷脂[質]	phospholipid，PL
磷脂促翻转酶	磷脂促翻轉酶	phospholipid scramblase
磷脂交换蛋白	磷脂交換蛋白	phospholipid exchange protein
磷脂酶	磷脂酶	phospholipase，phosphatidase
磷脂双层	磷脂雙層	phospholipid bilayer
磷脂酰胆碱	磷脂酸膽鹼，磷脂醯膽鹼	phosphatidylcholine，PC
磷脂酰甘油	磷脂醯甘油	phosphatidylglycerol，PG
磷脂酰肌醇	磷脂醯肌醇	phosphatidylinositol，PI
磷脂酰肌醇 3-羟激酶	磷脂醯肌醇 3-羥基激酶	phosphatidylinositol 3-hydroxy kinase，PI3K
磷脂酰丝氨酸	磷脂醯絲胺酸	phosphatidylserine，PS
磷脂酰乙醇胺	磷脂醯乙醇胺	phosphatidylethanolamine，PE
流动相	流動相	mobile phase
流式细胞分选仪	流式細胞分離儀	flow cell sorter
流式细胞术	流式細胞分析	flow cytometry，FCM
流式细胞仪	流式細胞儀	flow cytometer，FCM
流相液体层析	流相液態層析法	flow phase liquid chromatography，FPLC
硫堇	硫寧	thionine
硫酸角质素	硫酸角質素	keratan sulfate
硫酸类肝素(=硫酸乙酰肝素)		
硫酸皮肤素	硫酸皮膚素	dermatan sulfate
硫酸软骨素	硫酸軟骨素	chondroitin sulfate
硫酸乙酰肝素，硫酸类肝素	硫酸乙醯肝素	heparan sulfate，HS
绿色荧光蛋白	綠色螢光蛋白	green fluorescent protein，GFP
氯化铯离心	氯化銫離心	cesium chloride centrifugation

大　陆　名	台　湾　名	英　文　名
孕蛋白(=双能蛋白)		
卵	卵[細胞]	ovum，egg，oosphere
卵核分裂	卵核分裂	ookinesis
卵黄	卵黄	yolk
卵黄被	卵黄外膜	vitelline envelope
卵黄膜	卵黄膜	vitelline membrane
卵黄囊	卵黄囊	yolk sac
卵孔	卵孔	micropyle
卵块发育	無卵核受精，卵片發生	merogony
卵裂	卵裂	cleavage
卵裂沟	卵裂溝	cleavage furrow
卵裂面	卵裂面，劈裂面	cleavage plane
[卵]裂球	卵裂球	blastomere
卵裂型	卵裂型，劈裂型	cleavage type
卵磷脂	卵磷脂	lecithin
卵母细胞	卵母細胞	oocyte
卵泡	卵泡	ovarian follicle
卵泡细胞，颗粒细胞	顆粒性細胞，顆粒層細胞	granulosa cell
卵器	卵器	egg apparatus
卵式生殖	卵配生殖，卵配結合，受精生殖	oogamy
卵原细胞	卵原細胞，原卵細胞	oogonium
卵质	卵質	ooplasm
卵中心体	卵中心	oocenter，ovocenter
卵子发生	卵子形成	oogenesis
罗伯逊易位	羅伯遜易位，端點著絲粒易位	Robertsonian translocation
罗丹明	若丹明，鹼性蕊香紅	rhodamine
罗氏染液	羅曼落司基染色	Romanowsky stain
螺线管	螺線管	solenoid
α螺旋	α螺旋，阿法螺旋	α-helix
螺旋-环-螺旋模体(=螺旋-袢-螺旋结构域)		
螺旋卵裂	旋裂	spiral cleavage
螺旋-袢-螺旋结构域，螺旋-环-螺旋模体	螺旋-環-螺旋模體，螺旋-環-螺旋結構域	helix-loop-helix motif
螺旋去稳定蛋白	螺旋去穩定蛋白	helix-destabilizing protein

大 陆 名	台 湾 名	英 文 名
螺旋-转角-螺旋结构域，螺旋-转角-螺旋模体 螺旋-转角-螺旋模体（=螺旋-转角-螺旋结构域）	螺旋-轉角-螺旋模體，螺旋-轉角-螺旋結構域	helix-turn-helix motif
裸细胞	裸細胞	null cell
裸质体	裸質體	gymnoplast
落射光显微镜	表面激發顯微鏡	epi-illumination microscope

M

大 陆 名	台 湾 名	英 文 名
马达蛋白质，摩托蛋白质	運動蛋白	motor protein
马克萨姆-吉尔伯特法	馬克薩姆-吉爾伯特法	Maxam-Gilbert DNA sequencing, Maxam-Gilbert method
麦胚凝集素	小麥胚芽凝集素	wheat germ agglutinin，WGA
脉冲标记技术	脈衝標記技術	pulse-labeling technique
脉冲[交变]电场凝胶电泳	脈衝[交變]電場凝膠電泳	pulse [alternative] field gel electrophoresis
脉冲追踪法	脈衝追蹤法	pulse-chase
毛基体	動體，[鞭毛的]基體，基粒	kinetosome
毛细管电泳	毛細管電泳	capillary electrophoresis，CE
毛细管培养	毛細管培養	capillary culture
毛状体	毛狀體	trichome
锚蛋白	錨蛋白，連結蛋白	ankyrin
锚定连接	錨定連結	anchoring junction
锚着因子(=贴壁因子)		
Z 帽蛋白	Z 帽蛋白	CapZ protein
帽结合蛋白质	帽結合蛋白	cap binding protein
mRNA 帽结合蛋白质	mRNA 帽結合蛋白質	mRNA cap binding protein
ATP 酶(=腺苷三磷酸酶)		
F_0F_1-ATP 酶	F_0F_1-ATP 酶	F_0F_1-ATPase
GTP 酶激活蛋白	GTP 酶活化蛋白	GTPase-activating protein，GAP
酶解肌球蛋白	酶解肌球蛋白	meromyosin

大　陆　名	台　湾　名	英　文　名
酶联免疫吸附测定	酶聯免疫吸附試驗，酵素連結免疫吸附法	enzyme-linked immunosorbent assay，ELISA
酶联受体	酶聯受體，酵素連結性受體	enzyme-linked receptor
酶免疫测定	酵素免疫測定，酵素免疫分析法	enzyme immunoassay，EIA
酶细胞化学	酵素細胞化學	enzyme cytochemistry
酶性核酸(=核酶)		
酶抑制剂	酵素抑制劑	enzyme inhibitor
酶原粒	酵素原粒	zymogen granule
DNA酶足迹法	DNA酶足跡法	DNase footprinting
门控离子通道	閘控[型]離子通道	gated ion channel
门控运输	門控運輸	gated transport
萌发孔	孔口，氣孔開口	aperture
米伦反应	米倫反應	Millon reaction
泌酸细胞	酸分泌細胞	acid secreting cell
密度梯度离心	密度梯度離心	density gradient centrifugation
密度依赖的细胞生长抑制，依赖密度的生长抑制	密度依賴生長抑制	density dependent cell growth inhibition
密封蛋白	封閉蛋白	claudin
[密码]错编	編碼錯誤	miscoding
密码简并	密碼簡併性	code degeneracy
密码子	密碼子	codon
蜜腺	蜜腺	nectary
免疫沉淀法	免疫沉澱法	immuno-precipitation
免疫促进	免疫促進	immunological enhancement
免疫电镜术	免疫電子顯微鏡	immunoelectron microscopy，IEM
免疫电泳	免疫電泳	immunoelectrophoresis，IEP，IE
免疫毒素	免疫毒素	immunotoxin
免疫过氧化物酶染色	免疫過氧化酶染色	immunoperoxidase staining
免疫记忆	免疫記憶	immunological memory
免疫监视	免疫監視	immune surveillance
免疫胶体金	免疫膠體金	immunocolloidal gold
免疫胶体金技术	免疫膠體金技術	immunocolloidal gold technique
免疫金染色	免疫金染色	immuno-gold staining
免疫金-银染色	免疫金-銀染色	immuno-gold-silver staining，IGSS
免疫扩散技术	免疫擴散技術	immunodiffusion technique

大　陆　名	台　湾　名	英　文　名
免疫[力]	免疫力	immunity
免疫酶标技术	酵素免疫技術	immunoenzymatic technique
免疫耐受[性]	免疫耐受性	immunological tolerance
免疫器官	免疫器官	immune organ
免疫亲和层析	免疫親和性層析	immunoaffinity chromatography
免疫球蛋白	免疫球蛋白	immunoglobulin，Ig
免疫球蛋白 A	免疫球蛋白 A	immunoglobulin A，IgA
免疫球蛋白 D	免疫球蛋白 D	immunoglobulin D，IgD
免疫球蛋白 E	免疫球蛋白 E	immunoglobulin E，IgE
免疫球蛋白 G	免疫球蛋白 G	immunoglobulin G，IgG
免疫球蛋白 M,巨球蛋白	免疫球蛋白 M	immunoglobulin M，IgM
免疫球蛋白超家族	免疫球蛋白大家族	immunoglobulin superfamily，IgSF
免疫铁蛋白技术	免疫鐵蛋白技術	immunoferritin technique
免疫网络	免疫網路	immunological network
免疫网络学说	免疫網路學說	immunological network theory
免疫系统	免疫系統	immune system
免疫细胞	免疫細胞	immunocyte
免疫细胞化学法	免疫細胞化學法	immunocytochemistry，ICC
免疫学	免疫學	immunology
免疫血清	免疫血清	immune serum
免疫印迹法	免疫轉漬法	immunoblotting
免疫荧光技术	免疫螢光技術	immunofluorescence technique
免疫原	免疫原	immunogen
免疫原性	免疫原性	immunogenicity
免疫治疗	免疫治療，免疫療法	immunotherapy
免疫组织化学法	免疫組織化學法	immunohistochemistry，immuno-histochemical method
明带，I 带	亮帶，1 帶	I band，light band
明视场显微镜(=明视野显微镜)		
明视野显微镜，明视场显微镜	明視野顯微鏡	bright-field microscope
命运图	囊胚發育圖	fate map
模式形成	模型結構	pattern formation
模体(=结构域)		
β-α-β 模体(=β-α-β 结构域)		

大　陆　名	台　湾　名	英　文　名
膜泵	膜幫浦	membrane pump
膜表面免疫球蛋白	膜表面免疫球蛋白	surface membrane immunoglobulin，SmIg
膜蛋白质	膜蛋白	membrane protein
膜电位	膜電位	membrane potential
膜筏	膜筏	membrane raft
膜间隙	膜間隙，膜間[腔]	intermembrane space
[膜]孔蛋白	孔蛋白	porin
膜流动性	[細胞]膜流動性	membrane fluidity
[膜]内在蛋白质	膜内蛋白	intrinsic protein
膜片钳记录技术	膜片箝制記錄法	patch-clamp recording
膜通透性	膜通透性	membrane permeability
[膜]外在蛋白质	膜外在蛋白	extrinsic protein
膜再循环	膜再循環	membrane recycling
[膜]周边蛋白质	膜周邊蛋白	peripheral protein
摩托蛋白质(=马达蛋白质)		
末期	末期	telophase
墨角藻黄素(=藻褐素)		
模板	模板	template
模板链	模板股	template strand
母体基因	母體效應基因	maternal gene
母体效应基因	母體效應基因	maternal-effect gene
母体信息	母體訊息，母體資訊	maternal information
木聚糖	木聚醣，木聚糖	xylan
木栓质	木栓質	suberin
木质素	木質素	lignin
目镜	目鏡	eyepiece
目镜测微尺	目鏡測微尺，目鏡測微器	ocular micrometer，eyepiece micrometer

N

大　陆　名	台　湾　名	英　文　名
钠泵	鈉幫浦，鈉泵	sodium pump
钠钾泵	鈉鉀幫浦，鈉鉀泵	sodium-potassium pump
钠钾 ATP 酶	鈉鉀 ATP 酶	sodium-potassium ATPase
钠通道	鈉通道	sodium channel
囊包蛋白(=内披蛋白)		

大　陆　名	台　湾　名	英　文　名
囊胚	囊胚	blastula
[囊]胚泡	胚泡	blastocyst
囊胚腔	囊胚腔	blastocoel
脑发育调节蛋白	腦發育蛋白	drebrin
脑啡肽	腦啡肽	enkephalin
脑磷脂	腦磷脂	cephalin
脑源性神经营养因子	腦源性神經營養因子	brain-derived neurotrophic factor，BDNF
脑源性生长因子	腦源性生長因子	brain-derived growth factor，BDGF
内分泌	內分泌	endocrine
内分泌信号传送	內分泌訊息傳遞	endocrine signaling
内共生体	內共生體	endosymbiont，endosymbiant
内共生学说	內共生學說	endosymbiotic hypothesis
内含肽	內含肽，內隱蛋白	intein
内含子	內含子，插入序列，介入子	intron
内核膜	內核膜	inner nuclear membrane
内环(=核环)		
内卷	內捲，退化	involution
内膜系统	內膜系統	endomembrane system
内胚层	內胚層	endoderm
内披蛋白，囊包蛋白	包殼蛋白	involucrin
内切核酸酶	核酸內切酶	endonuclease
内融合	內融合	endomixis
内收蛋白，聚拢蛋白	內收蛋白	adducin
内[吞]体	食物小胞，吞噬小體，核內體	endosome
内吞作用(=胞吞[作用])		
内细胞团	內細胞團	inner cell mass
内陷	內陷	invagination
内质	內質	endoplasm
内质体	內質體	endoplast
内质网	內質網	endoplasmic reticulum，ER
内质网回收信号	內質網回收訊號	ER retrieval signal
内质网信号序列	內質網訊號序列	ER signal sequence
内质网驻留蛋白	內質網駐留蛋白	ER retention protein
内质网驻留信号	內質網駐留訊號	ER retention signal
尼格罗黑，苯胺黑	尼格羅黑，苯胺黑	nigrosine

大　陆　名	台　湾　名	英　文　名
尼罗蓝	尼羅藍	Nile blue
拟核，类核	擬核，類核	nucleoid
拟接合孢子(=无性接合孢子)		
拟染色体	似染色體	chromatoid body
逆向轴突运输，逆行轴突运输	逆行軸突運輸	retrograde axonal transport
逆行轴突运输(=逆向轴突运输)		
逆转录酶(=反转录酶)		
黏蛋白	黏蛋白	mucin
黏附受体	黏著受體	adhesion receptor
黏结蛋白聚糖，联合蛋白聚糖	聯合蛋白聚醣	syndecan
黏菌	黏菌	slime mould
黏粒	黏接質體	cosmid
黏连蛋白	黏合蛋白	cohesin
黏着斑	黏著斑，點狀黏附	plaque，focal adhesion，focal contact
黏着斑蛋白	紐帶蛋白	vinculin
黏着斑激酶	點狀黏附激酶	focal adhesion kinase，FAK
黏着带	附著帶，黏著帶	adhesion belt
黏着蛋白质	附著蛋白	adhesion protein
黏着连接	黏著連接，黏著接合	adhering junction，adherens junction，zonula adherens
黏着因子	黏著因子	adhesion factor
[念]珠状纤丝	珠狀纖維絲	beaded filament，beaded-chain filament
鸟苷酸环化酶	鳥苷酸環化酶	guanylate cyclase，cGMPase
鸟嘌呤核苷酸交换因子	鳥嘌呤核苷酸交換因子	guanine nucleotide-exchange factor，GEF
鸟嘌呤核苷酸结合蛋白	鳥[糞]嘌呤核苷酸結合蛋白	guanine nucleotide binding protein
鸟嘌呤核苷酸解离抑制蛋白	鳥[糞]嘌呤核苷酸解離抑制蛋白	guanine nucleotide dissociation inhibitor，GDI
鸟嘌呤核苷酸释放因子	鳥嘌呤核苷酸釋放因子	guanine nucleotide release factor，GRF
柠檬酸循环	檸檬酸循環	citric acid cycle
凝集[反应]	凝集作用	agglutination
凝集素	凝集素，凝結素，血凝	lectin，agglutinin

大　陆　名	台　湾　名	英　文　名
	素	
凝集原	凝集原	agglutinogen
凝胶层析	凝膠層析	gel chromatography
凝胶电泳	凝膠電泳	gel electrophoresis
凝胶过滤	凝膠過濾	gel filtration
凝胶过滤层析	凝膠過濾層析	gel filtration chromatography，GFC
凝胶渗透层析	凝膠滲透層析	gel permeation chromatography，GPC
凝聚染色质	濃縮染色質	condensed chromatin
凝溶胶蛋白	溶膠蛋白，凝膠溶素	gelsolin
凝缩蛋白	縮合蛋白	condensin

O

大　陆　名	台　湾　名	英　文　名
偶氮染色法	偶氮染料染色法	azo-dye method
偶联氧化	偶合氧化[作用]	coupled oxidation
偶联因子	偶聯因子	coupling factor
偶线期，合线期	偶絲期，減數分裂的前期，接合絲期	zygotene

P

大　陆　名	台　湾　名	英　文　名
排卵	排卵	ovulation
Z盘	Z盤	Z disc
盘状卵裂	盤狀分裂	discoidal cleavage
袢，环	環	loop
D袢合成，D环合成	D環合成	D-loop synthesis
旁分泌	旁分泌	paracrine
旁分泌信号传送	旁分泌訊息傳遞	paracrine signaling
旁分泌因子	旁分泌因子	paracrine factor
胚斑	胚斑	germinal spot
胚层	胚層	germ layer
胚带	胚帶	germ band
胚孔	胚乳	blastopore
胚膜	胚膜	germinal membrane
胚囊	胚囊	embryo sac
胚盘	胚盤	blastodisc, germinal disc, embryonic disk

大　陆　名	台　湾　名	英　文　名
胚乳	胚乳	endosperm
胚乳培养	胚乳培養	endosperm culture
胚[胎]	胚[胎]	embryo
胚胎癌性细胞	胚胎癌性細胞	embryonal carcinoma cell，EC cell
胚胎发生	胚胎發生，胚胎發育，胚胎形成	embryogenesis，embryogeny
胚胎干细胞	胚胎幹細胞	embryonic stem cell，ES cell
胚胎工程	胚胎工程	embryo technology
胚胎培养	胚胎培養	embryo culture
胚胎生殖细胞	胚胎生殖細胞	embryonic germ cell，EG cell
胚胎学	胚胎學	embryology
胚胎诱导	胚胎誘導	embryonic induction
胚性愈伤组织	胚性癒合組織，胚性癒傷組織	embryonic callus
胚性愈伤组织培养	胚性癒合組織培養	embryogenic callus culture
胚轴	胚軸	embryo axis
胚珠培养	胚珠培養	ovule culture
胚状体	胚胎體	embryoid，embryoid body，EB
胚状体培养	胚[胎]體培養	embryoid culture
培养基(=培养液)		
培养皿	[皮氏]培養皿	Petri dish
培养瓶培养	培養瓶培養	flask culture
培养液，培养基	培養液，培養基	culture medium
HAT 培养液	HAT 培養液	HAT medium
配对	配對	pairing
配对域	配對域	pairing domain
配体	配體	ligand
配体门控离子通道	配體閘控[型]離子通道	ligand-gated ion channel
配体门控受体	配體閘控[型]受體	ligand-gated receptor
配子	配子	gamete
配子发生	配子形成	gametogenesis
配子母细胞，生殖母细胞	配[子]母細胞	gametocyte
配子囊	配子囊	gametangium
配子配合(=融合生殖)		
配子生殖	配子結合	gametogamy
配子体	配子體	gametophyte

大 陆 名	台 湾 名	英 文 名
[配子]原核	原核，前核	pronucleus
喷镀术(=投影术)		
膨压	膨壓	turgor pressure，turgor
膨胀运动	膨壓運動	turgor movement
皮层	皮層	cortex
皮肤干细胞	皮膚幹細胞	skin stem cell
皮质	皮質	cortex
皮质反应	皮質反應	cortical reaction
皮质颗粒	皮層顆粒	cortical granule
脾集落形成单位	脾細胞族形成單位	colony forming unit-spleen，CFU-S
偏光显微镜	偏[極]光顯微鏡	polarization microscope
胼胝质(=愈伤葡萄糖)		
β 片层	β 摺板，貝他摺板	β-sheet，β-pleated sheet
片段化蛋白	片段化蛋白	fragmin
片足	片狀偽足，瓣狀偽足	lamellipodium
平板培养	平板培養	plate culture
平衡石	平衡石，耳石	statolith
平衡细胞	平衡細胞	statocyte
平滑肌细胞	平滑肌細胞	smooth muscle cell
平台摆动培养	平臺擺動培養	swing platform culture
破骨细胞	破骨細胞	osteoclast
破丝蛋白(=消去蛋白)		
铺满培养(=汇合培养)		
铺展因子	擴散因子	spreading factor
葡糖醛酸糖苷酶	葡萄糖醛酸酶	glucuronidase
葡萄糖	葡萄糖	glucose
普里昂(=蛋白感染粒)		
普里布诺框	普里布諾框，普里布諾區	Pribnow box

Q

大 陆 名	台 湾 名	英 文 名
G_0 期	G_0 期	G_0 phase
G_1 期	G_1 期	G_1 phase
G_2 期	G_2 期	G_2 phase
M 期(=有丝分裂期)		
S 期	S 期	S phase

大　陆　名	台　湾　名	英　文　名
M 期促进因子	M 期促進因子	M phase-promoting factor，MPF
S 期促进因子	S 期促進因子	S phase-promoting factor，SPF
启动子	啟動子	promoter
起始点识别复合体	起點辨識蛋白複合體	origin recognition complex，ORC
起始复合体	起始複合體	initiation complex
起始关卡(=起始检查点)		
起始检查点，起始关卡	起始點	START
起始密码子	起始密碼子	initiation codon
起始因子	起始因子	initiation factor，IF
气孔	氣孔	stoma，stomata（复）
气升式发酵罐	氣升式發酵罐，氣升式發酵器，氣升式發酵槽	airlift fermentor
气体驱动培养	氣升式培養	airlift culture
气相层析	氣相層析	gas chromatography，GC
器官发生	器官形成	organogenesis
器官培养	器官培養	organ culture
器官型培养	器官型培養	organotypic culture
器官移植	器官移植	organ transplantation
迁移蛋白质	移動蛋白	movement protein
牵拉假说	拉力假說	pull hypothesis
牵引纤丝	牽引纖絲	traction fiber
前 B 细胞	前 B 細胞[系]	pre-B cell
前 T 细胞	前 T 細胞[系]	pre-T cell
前病毒(=原病毒)		
前导链	領先股	leading strand
前导肽	先導肽	leading peptide，leader peptide
前导序列	先導序列	leader sequence，leader
前[DNA]复制复合体	前複製複合體	pre-replication complex，pre-RC，PRC
前核融合	原核融合	pronucleus fusion
前核糖体 RNA，前[体] rRNA	前 rRNA	precursor ribosomal RNA，pre-rRNA
前胶原	前膠原蛋白，原膠原蛋白	procollagen
前联会	前聯會	presynapsis
前期	前期	prophase
前起始复合体	起始前複合體	preinitiation complex，PIC

大 陆 名	台 湾 名	英 文 名
前[体]mRNA(=前信使 RNA)		
前[体]rRNA(=前核糖体 RNA)		
前体细胞(=祖细胞)		
前细线期	前細絲期	preleptotene [stage]，preleptonema
前信使 RNA，前[体]mRNA	前 mRNA	pre-messenger RNA，precursor mRNA，pre-mRNA
前引发体(=引发体前体)		
前质体	前質體	proplastid
前中期	前中期	prometaphase
潜能	潜能，潜值	potency
嵌合抗体	嵌合抗體	chimeric antibody
嵌合体	嵌合體	chimaera
腔内亚单位	管腔內亞單位	luminal subunit
腔上囊	腔上囊	cloacal bursa
桥粒	橋粒，胞橋小體	desmosome
桥粒斑蛋白	橋粒斑蛋白	desmoplakin
桥粒胶蛋白	橋粒膠蛋白	desmocollin
桥粒黏蛋白	橋粒黏合蛋白	desmoglein
鞘磷脂	神經鞘磷脂	sphingomyelin
鞘磷脂酶	神經鞘磷脂酶	sphingomyelinase
鞘脂，神经鞘脂质	神經鞘脂類	sphingolipid
壳体(=衣壳)		
切除酶	切除酶	excisionase
切割蛋白	切割蛋白	severin
切口平移，切口移位	缺口轉譯，切口移位，缺斷轉譯	nick translation
切口移位(=切口平移)		
切片机	切片機	microtome
切丝蛋白(=载肌动蛋白)		
亲和标记	親和標記	affinity labeling
亲和层析	親和[性]層析法，親和力層析法	affinity chromatography
DNA 亲和层析	DNA 親和[性]層析法	DNA affinity chromatography
亲和力成熟	親和力成熟	affinity maturation

大　陆　名	台　湾　名	英　文　名
亲和素(=抗生物素蛋白)		
亲和性	親和性，親和力	affinity
亲核蛋白	親核蛋白	karyophilic protein
亲近繁殖	同系交配	endogamy
亲水基	親水基	hydrophilic group
亲水性	親水性	hydrophilicity
亲脂性	親脂性	lipophilicity
亲中心体蛋白	親中心體蛋白	centrophilin
氢键	氫鍵	hydrogen bond
κ 轻链	卡巴輕鏈	kappa light chain
λ 轻链	λ 輕鏈	lambda light chain
轻酶解肌球蛋白	輕酶解肌球蛋白	light meromyosin，LMM
琼脂	瓊脂，洋菜	agar
琼脂糖	瓊脂糖	agarose
琼脂糖凝胶	瓊脂[糖]凝膠	agarose gel
琼脂糖凝胶电泳	瓊脂[糖]凝膠電泳	agarose gel electrophoresis
琼脂小岛器官培养系统	瓊脂小島培養系統	agar-island culture system
秋水仙碱，秋水仙素	秋水仙鹼，秋水仙素	colchicine
秋水仙素(=秋水仙碱)		
秋水仙酰胺	乙醯甲基秋水仙素	colcemid，colchamine
球毛壳菌素	球毛殼菌素	chaetoglobosin
球状肌动蛋白，G 肌动蛋白	球狀肌動蛋白，G 肌動蛋白	globular actin，G-actin
球状体	球狀體，微粒體	orbicule
区室化	分室作用	compartmentalization，compartmentation
I 区相关抗原，Ia 抗原	I 區域相關抗原	I region associated antigen，Ia antigen
驱动蛋白	驅動蛋白，傳動素，運動素	kinesin
驱动蛋白结合蛋白	驅動連接蛋白	kinectin
驱动蛋白相关蛋白 3，Kap3 蛋白	驅動蛋白副屬蛋白 3	kinesin-associated protein 3，Kap3
趋化性	趨化性	chemotaxis
趋化因子	趨化因子，趨化激素	chemokine
去分化，脱分化	去分化	dedifferentiation
去核	去核，無核	enucleation
去极化	去極化	depolarization

大　陆　名	台　湾　名	英　文　名
去联会	去聯會作用	desynapsis
去磷酸化	去磷酸化	dephosphorylation
去糖基化	去醣基作用	deglycosylation
全臂融合	中節併合	whole-arm fusion
全能干细胞	全能幹細胞	totipotent stem cell，TSC
全能性	全能性	totipotency
全能性细胞	全能性細胞	totipotent cell
全质分泌	全分泌	holocrine
缺对染色体性	零染色體性	nullisomy
缺省途径	預設途徑	default pathway
缺失	缺失	deletion
缺体	零染色體	nullisome
确定成分培养液，已知成分培养液	限定培養液	defined medium
群体倍增时间	族群倍增時間	population doubling time
群体倍增水平	族群倍增水平	population doubling level
群体密度	族群密度	population density

R

大　陆　名	台　湾　名	英　文　名
PAP 染色(=过氧化物酶-抗过氧化物酶染色)		
染色单体	染色分體	chromatid
染色单体断裂	染色分體斷裂	chromatid break
染色单体互换	染色分體互換	chromatid interchange
染色单体畸变	染色分體異常	chromatid aberration
染色单体间隙	染色分體縫隙	chromatid gap
染色单体粒	染色分體粒	chromatid grain
染色单体连接蛋白	染色分體連接蛋白	chromatid linking protein
染色单体桥	染色分體橋	chromatid bridge
染色粒	染色粒	chromomere
染色体	染色體	chromosome
A 染色体	A 染色體	A chromosome
B 染色体	B 染色體	B chromosome
W 染色体	W 染色體	W chromosome
X 染色体	X 染色體	X chromosome

大　陆　名	台　湾　名	英　文　名
Y 染色体	Y 染色體	Y chromosome
Z 染色体	Z 染色體	Z chromosome
染色体臂	染色體臂	chromosome arm
染色体不分离	染色體不分離	chromosome non-disjunction
染色体步查,染色体步移	染色體步查,染色體步移	chromosome walking
染色体步移(=染色体步查)		
染色体超前凝聚,早熟染色体凝集	超前凝聚染色體	prematurely chromosome condensed，PCC
染色体乘客复合物	染色體乘客複合體	chromosome passenger complex，CPC
染色体重复	染色體複製	chromosome duplication
染色体重排	染色體重排	chromosome rearrangement
染色体丢失(=染色体消减)		
染色体分离	染色體分離	segregation of chromosome
染色体分选	染色體分選	chromosome sorting
染色体工程	染色體工程	chromosome engineering
染色体畸变	染色體異常	chromosome aberration
染色体结	染色體結	chromosome knob
染色体结构维持蛋白质	染色體架構維持蛋白質	structural maintenance of chromosome protein，SMC protein
染色体联会	染色體聯會	chromosome synapsis
染色体内重组	染色體內重組	intrachromosomal recombination
染色体配对	染色體配對	chromosome pairing
染色体桥	染色體橋	chromosome bridge
染色体疏松,染色体胀泡	染色體膨鬆,染色體膨部	chromosome puff
染色体随体	衛星染色體	chromosome satellite
染色体套	染色體組	chromosome set
染色体图	染色體圖	chromosome map
染色体微管	染色體微管	chromosomal microtubule
染色体显带技术	染色體顯帶法,染色體條紋染色法	chromosome banding technique
染色体消减,染色体丢失	染色體去除	chromosome elimination
染色体学	染色體學	chromosomology，chromosomics
染色体易位	染色體易位	chromosome translocation

大　陆　名	台　湾　名	英　文　名
染色体胀泡(=染色体疏松)		
染色体支架	染色體支架	chromosome scaffold
染色体周期	染色體週期	chromosome cycle
染色体轴	染色體核心	chromosome core
染色体组	染色體組群	chromosome complement
染色体组型(=核型)		
染色体组型图(=核型模式图)		
染色线	染色絲	chromonema
染色质	染色質	chromatin
X染色质	X染色質	X chromatin
染色质重塑复合物	染色質重塑複合體,染色質重組複合體	chromatin-remodeling complex
染色质凝缩	染色質濃縮	chromatin condensation
染色质桥	染色質橋	chromatin bridge
染色质球	染色質球	chromatic sphere
染色质丝	染色質絲	chromatic thread
染色质纤维	染色質纖維	chromatin fiber
染色质消减	染色質縮減	chromatin diminution
染色中心	染色中心	chromocenter
热激蛋白	熱休克蛋白	heat shock protein，Hsp
人工被动免疫	人工被動免疫	artificial passive immunization
人工单性生殖(=人工孤雌生殖)		
人工孤雌生殖,人工单性生殖	人工孤雌生殖	artificial parthenogenesis
人工基膜	人工基膜	matrigel
人工酶,人造酶	人造酵素	artificial enzyme
人工微型染色体	人工微小染色體	artificial minichromosome
人工主动免疫	人工主動免疫	artificial active immunization
人[类]白细胞抗原	人類白血球抗原	human leukocyte antigen，HLA
人[类]白细胞抗原复合体，HLA复合体	人類白血球抗原複合體，HLA複合體	human leukocyte antigen complex，HLA complex
人[类]白细胞抗原组织相容性系统，HLA组织相容性系统	人類白血球抗原相容系統	human leukocyte antigen histocompatibility system，HLA histocompatibility system
人类蛋白质组计划	人類蛋白質體計畫	Human Proteomics Project，HPP

大　陆　名	台　湾　名	英　文　名
人类基因组计划	人類基因體計畫，人類基因圖譜計畫	Human Genome Project，HGP
人类免疫缺陷病毒	人類免疫不全症病毒，人類免疫缺失症病毒，愛滋病毒	human immunodeficiency virus，HIV
人类细胞组计划	人類細胞體計畫	Human Cytome Project，HCP
人造酶(=人工酶)		
绒毛蛋白	絨毛蛋白	villin
溶菌酶	溶菌酶，溶菌酵素	lysozyme
溶酶体	溶體，溶酶體，溶小體	lysosome
溶酶体酶	溶酶體酶	lysosomal enzyme
溶酶体贮积症	溶酶體儲藏疾病	lysosomal storage disease
溶细胞素	細胞溶素	cytolysin
溶血	溶血	haemolysis，hemolysis
融合病毒蛋白	融合病毒蛋白	fusin
融合蛋白	融合蛋白	fusion protein
融合生殖，配子配合	配子生殖，接合生殖	syngamy
融核体(=合核体)		
肉瘤	肉瘤	sarcoma
乳突	乳頭，乳突	papilla
朊病毒(=蛋白感染粒)		
软骨粘连蛋白	軟骨黏連蛋白	chondronectin
瑞特染液	瑞氏染劑	Wright stain

S

大　陆　名	台　湾　名	英　文　名
塞托利细胞	塞氏細胞，史托利細胞	Sertoli cell
三倍体	三倍體	triploid
三倍性	三倍性	triploidy
三价体	三價體	trivalent
三脚蛋白[复合体]	三足形	triskelion
三联体密码	三聯體密碼	triplet code
三羧酸循环，克雷布斯循环	三羧酸循環，克氏循環	tricarboxylic acid cycle，Krebs cycle
三体	三[染色]體	trisomic
三体性	三[染色]體性	trisomy
伞毛(=菌毛)		

大 陆 名	台 湾 名	英 文 名
伞毛蛋白(=菌毛蛋白)		
桑格-库森法	桑格-庫森法	Sanger-Coulson method
桑椹胚	桑椹胚	morula
扫描电子显微镜	掃描式電子顯微鏡	scanning electron microscope，SEM
扫描隧道显微镜	掃描隧道顯微鏡	scanning tunnel microscope，STM
扫描探针显微镜	掃描探針顯微鏡	scanning probe microscope
扫描透射电子显微镜	掃描穿透式電子顯微鏡	scanning transmission electron microscope，STEM
扫描显微分光光度计	掃描顯微分光光度計	scanning microspectrophotometer
色氨酸操作子	色胺酸操縱子	tryptophan operon
色蛋白	色素蛋白	chromoprotein
色质体	色質體，雜色體	chromoplast
杀伤细胞，K 细胞	殺手細胞	killer cell，K cell
筛板	篩板	sieve plate
筛管	篩管	sieve tube
筛孔	篩孔	sieve pore
筛域	篩域	sieve area
上胚层	上胚層	epiblast
上皮癌	癌	carcinoma
上皮干细胞	上皮幹細胞	epithelial stem cell
上皮细胞	上皮細胞	epithelial cell
上游表达序列	上游表現序列	upstream expressing sequence
上游阻抑序列	上游阻遏序列	upstream repressing sequence
少突胶质细胞	寡樹突細胞	oligodendrocyte
奢侈基因	旺勢基因	luxury gene
X 射线显微分析	X 射線微區分析	X-ray microanalysis
X 射线显微镜	X 射線顯微鏡	X-ray microscope
X 射线衍射	X 射線衍射	X-ray diffraction
仲缩泡(=收缩泡)		
伸展蛋白	伸展蛋白	extensin
深低温保藏	低溫保存	cryopreservation
深度蚀刻	深度蝕刻	deep etching
神经板	神經板	neural plate
神经胞质	神經漿，神經胞質	neuroplasm
神经发生	神經形成	neurogenesis
神经干细胞	神經幹細胞	neural stem cell，NSC
神经肌肉接点	神經肌肉接合點	neuromuscular junction
神经嵴	神經嵴	neural crest

大　陆　名	台　湾　名	英　文　名
神经胶质丝	神經膠質絲	glial fibril acidic protein filament
神经胶质细胞	神經膠細胞	neuroglial cell
神经膜细胞	神經膜細胞	neurolemmal cell
神经胚	神經胚	neurula
神经胚形成	神經胚形成	neurulation
神经鞘脂质(=鞘脂)		
神经[上皮]干细胞蛋白	中間絲蛋白，巢蛋白	nestin
神经生长因子	神經生長因子	nerve growth factor，NGF
神经丝	神經[微]絲	neurofilament
神经丝蛋白	神經絲蛋白	neurofilament protein，NFP
神经肽	神經胜肽	neuropeptide
神经外胚层	神經外胚層	neuroectoderm
神经细胞	神經細胞	nerve cell
神经细胞黏附分子	神經細胞附著分子	neural cell adhesion molecule，NCAM
神经元	神經元	neuron
神经原纤维	神經原纖維	neurofibril
肾上腺皮质铁氧还蛋白	[腎上腺]皮質鐵氧化還原蛋白	adrenodoxin
肾上腺素	腎上腺素	adrenaline
肾上腺素受体	腎上腺素受體	adrenoreceptor，adrenoceptor
肾上腺髓质蛋白	腎上腺髓質蛋白	adrenomedullin
渗透压	滲透壓	osmotic pressure
渗透作用	滲透[作用]	osmosis
生成细胞，奠基细胞	建立者細胞	founder cell
生发泡	胚泡	germinal vesicle
生毛体	成鞭毛體	blepharoplast
生物反应器	生物反應器	bioreactor
生物工程	生物工程	bioengineering
生物碱	生物鹼	alkaloid
生物膜	生物膜	biomembrane
生物素	維生素 H，生物素	biotin
生物芯片	生物晶片	biochip
生物信息学	生物資訊學，生物訊息學	bioinformatics
生源论(=生源说)		
生源说，生源论	生物形成說	biogenesis
生长点	生長點	growth point

大 陆 名	台 湾 名	英 文 名
生长激素(=促生长素)		
生长激素释放因子	生長激素釋放因子	growth hormone-releasing factor，GRF
生长调节素 C	促生長因子 C，體介質 C	somatomedin C
生长抑素	生長激素釋放抑制因子	somatostatin
生长因子	生長因子	growth factor，GF
生长锥	生長錐	growth cone
生长阻滞和 DNA 损伤	生長停滯及 DNA 損傷	growth arrest and DNA damage，GADD
生殖核	生殖核	generative nucleus
生殖嵴	生殖嵴	genital ridge
生殖母细胞(=配子母细胞)		
生殖细胞	生殖細胞，增殖細胞	germ cell，generative cell
生殖细胞决定子(=极粒)		
生殖细胞谱系(=种系)		
生殖质	種質	germ plasm
X 失活	X 染色體不活化	X inactivation
施佩曼组织者	史培曼組織者	Spemann organizer
施万细胞	許旺[氏]細胞	Schwann cell
石蜡切片	石蠟切片	paraffin section
石细胞	石細胞	sclereid，stone cell
时序基因	分時基因，時序基因	temporal gene
识别螺旋	辨識螺旋	recognition helix
识别位点	辨識位	recognition site
蚀斑形成细胞(=空斑形成细胞)		
世代交替	世代交替	alternation of generations
视黄酸，维甲酸	視黃酸	retinoic acid
视黄酸受体	視黃酸受體	retinoic acid receptor，RAR
视频图形显示，图像显示	視頻圖形顯示	videographic display
视网膜[神经]节细胞	視網膜神經節細胞	retinal ganglion cell，RGC
试管加倍	試管加倍	test-tube doubling
试管嫁接	試管嫁接	test-tube grafting
试管授精	試管授精	test-tube fertilization
试管育种	試管育種	test-tube breeding

大　陆　名	台　湾　名	英　文　名
适应性免疫	適應性免疫，後天性免疫	adaptive immunity
释放因子	釋放因子	release factor，RF
嗜碱性	嗜鹼性	basophilia
嗜碱性粒细胞	嗜鹼性球，嗜鹼性白血球	basophil
嗜酸性	嗜酸性	acidophilia
嗜酸性粒细胞	嗜酸性白血球，嗜伊紅白血球，嗜酸性球	eosinophil
嗜酸性细胞	嗜酸性細胞	acidophilic cell
噬菌体	噬菌體	bacteriophage，phage
λ 噬菌体	λ 噬菌體	lambda bacteriophage，λ bacteriophage
噬菌体表面展示	噬菌體表面呈現	phage surface display
噬菌体肽文库	噬菌體胜肽庫	phage peptide library
λ 噬菌体载体	λ 噬菌體載體	λ-phage vector
噬菌体展示	噬菌體呈現	phage display
噬粒	①噬[菌]粒 ②幻器，尾覺器	phasmid
收缩蛋白质	收縮蛋白	contractile protein
收缩环	收縮環	contractile ring
收缩泡，伸缩泡	收縮泡，伸縮泡	contractile vacuole
EF 手形	EF 手形結構	EF-hand
受精	受精[作用]	fertilization
受精卵	受精卵	fertilized egg
受磷蛋白	受磷蛋白	phospholamban
受体	受體	receptor
Fc 受体	Fc 受體	Fc receptor
LDL 受体(=低密度脂蛋白受体)		
SNAP 受体(=可溶性NSF 附着蛋白受体)		
cAMP 受体蛋白	環腺苷酸受體蛋白	cAMP receptor protein，CRP
受体蛋白酪氨酸磷酸酶	受體蛋白酪胺酸磷酸酶	receptor protein tyrosine phosphatase
受体介导的胞吞	受體媒介[式]胞吞作用	receptor-mediated endocytosis
受体酪氨酸激酶	受體酪胺酸激酶	receptor tyrosine kinase，RTK
受体丝氨酸/苏氨酸蛋	受體絲胺酸/蘇胺酸蛋	receptor serine/threonine protein kinase，

大　陆　名	台　湾　名	英　文　名
白激酶	白激酶	RSTPK
受调分泌	調控分泌	regulated secretion，regulatory secretion
瘦蛋白，瘦素	瘦素	leptin
瘦素(=瘦蛋白)		
疏水键	疏水鍵	hydrophobic bond
疏水效应	疏水效應	hydrophobic effect
疏水性	疏水性	hydrophobicity
mRNA 输出蛋白	mRNA 輸出蛋白	mRNA exporter
束缚因子	束缚因子	commitment factor
树突	樹[狀]突	dendrite
树突状细胞	樹突細胞	dendritic cell
刷状缘	刷狀緣	brush border
双二倍体	雙二倍體	amphidiploid
双二倍性	雙二倍性	amphidiploidy
双核体	雙核體	dikaryon
双极神经元	雙極神經元	bipolar neuron
双极细胞	雙極細胞	bipolar cell
双解丝蛋白	雙解絲蛋白	twinfilin
双精入卵	雙精入卵，雙精授精	dispermy
双联体	雙聯體	doublet
双能蛋白，孪蛋白	雙能蛋白，孿蛋白	geminin
双受精	雙重受精	double fertilization
双态现象(=二态性)		
双特异性磷酸酶	雙重特異性蛋白磷酸酶	dual specificity phosphatase
双脱氧法	雙去氧法	dideoxy termination method
双线期	雙絲期	diplotene
双向凝胶电泳	二維凝膠電泳	two-dimensional gel electrophoresis
双向信号传送	雙向訊息傳遞	bidirectional signaling
双信使系统	雙信使系統	double messenger system
双星体有丝分裂	雙星有絲分裂	amphiastral mitosis
双胸复合物	雙胸複合體	bithorax complex
双着丝粒桥	二中節染色體橋	dicentric bridge
双着丝粒染色体	二中節染色體	dicentric chromosome
水孔蛋白，水通道蛋白	水孔蛋白，水通道蛋白	aquaporin，AQP
水通道蛋白(=水孔蛋白)		
顺面，形成面	順面，順式面，接受面	cis-face

大　陆　名	台　湾　名	英　文　名
顺面高尔基网	順式高基[氏]體網	cis-Golgi network，CGN
顺式作用	順式作用	cis-acting
顺式作用基因	順式作用基因	cis-acting gene
顺式作用基因座	順式作用基因座	cis-acting locus
顺式作用元件	順式作用元件	cis-acting element
丝	絲狀纖維	filament
10nm 丝(=中间丝)		
丝连蛋白	連絲蛋白	epinemin
丝联蛋白	介連蛋白	internexin
丝裂原(=促[有丝]分裂原)		
丝切蛋白	絲切蛋白	cofilin
丝束蛋白	絲束蛋白，毛蛋白	fimbrin，plastin
丝心蛋白	絲心蛋白	fibroin
丝足	絲狀偽足，足絲	filopodium，filopodia(复)
斯韦德贝里单位	斯維德伯格單位	Svedberg unit
四倍体	四倍體	tetraploid
四倍性	四倍性	tetraploidy
四分染色单体	染色分體四分體	chromatid tetrad
四分体	四分體	tetrad
四价体	四價染色體	quadrivalent
四联体	四聯體	tetrad
四体	四體	tetrasomic
四体性	四體性	tetrasomy
四唑氮法	四唑氮法	tetrazolium method
饲养层	飼養層	feeder layer
饲养细胞	飼養細胞	feeder cell
松胞菌素，细胞松弛素	細胞鬆弛素，細胞分裂抑素	cytochalasin
苏丹黑 B	蘇丹黑 B	Sudan black B
苏木精，苏木素	蘇木素，蘇木精	haematoxylin，hematoxylin
苏木素(=苏木精)		
速度沉降	速度沉降	velocity sedimentation
速度离心	速度離心	velocity centrifugation
宿主抗移植物反应	宿主抗移植物反應	host versus graft reaction
塑胶膜培养	塑膠膜培養	plastic film culture
酸性蛋白酶	酸蛋白酶	acid protease
酸性磷酸酶	酸性磷酸酶	acid phosphatase

大　陆　名	台　湾　名	英　文　名
酸性品红	酸性品紅，酸性復紅	acid fuchsin
酸性水解酶	酸水解酶，酸水解酵素	acid hydrolase
随体	隨體	satellite
随体区	隨體區	satellite zone，SAT-zone
随体染色体	隨體染色體	satellite chromosome，SAT-chromosome
髓过氧化物酶	骨髓過氧化酶	myeloperoxidase，MPO
髓磷脂	髓磷質，髓鞘脂	myelin
髓鞘	髓鞘	myelin sheath
DNA 损伤检查点	DNA 損傷檢驗點	DNA damage checkpoint
缩时显微电影术	定時顯微電影技術	time-lapse microcinematography
锁链素	鎖聯酸	desmosine

T

大　陆　名	台　湾　名	英　文　名
踏车现象	踏車運動	tread milling
胎牛血清	胎牛血清	fetal calf serum
台盼蓝(=锥虫蓝)		
肽	胜肽	peptide
肽键	胜肽鍵	peptide bond
肽聚糖	肽聚醣	peptidoglycan
肽酰位，P 位	肽醯位，P 位	peptidyl site，P site
弹性蛋白	彈性蛋白	elastin
弹性纤维	彈性纖維	elastic fiber
探针	探針	probe
糖胺聚糖	糖胺聚醣	glycosaminoglycan
糖蛋白	糖蛋白，醣蛋白	glycoprotein
糖萼	臘梅糖，多被多糖	glycocalyx
糖基化	糖基化，醣基化	glycosylation
N-糖基化	N-糖基化	N-glycosylation
O-糖基化	O-糖基化	O-glycosylation
糖基磷脂酰肌醇	糖基磷脂醯肌醇	glycosylphosphatidylinositol，GPI
糖基磷脂酰肌醇锚定蛋白	糖基磷脂醯肌醇固著蛋白	glycosylphosphatidylinositol-anchored protein
糖基转移酶	糖基轉移酶	glycosyltransferase
糖皮质激素受体	腎上腺醣皮質激素受體	glucocorticoid receptor
糖皮质激素应答元件	腎上腺醣皮質激素反	glucocorticoid response element

大　陆　名	台　湾　名	英　文　名
	應元素	
糖醛酸磷壁酸	糖醛酸磷壁酸	teichuronic acid
糖原	肝醣	glycogen
糖脂	糖脂質	glycolipid
特异性免疫	特異性免疫，專一性免疫	specific immunity
特异性转录因子，专一性转录因子	特異性轉錄因子，專一性轉錄因子	specific transcription factor
梯度培养板	梯度培養盤	gradient plate
体壁中胚层	體壁中胚層	somatic mesoderm，parietal mesoderm
体节	體節	somite
体节极性基因	體節極性基因	segment polarity gene
体节转变突变(=同源异形突变)		
体内，在体	活體內	in vivo
[体内]活体染色	活體染色	vital staining，intravital staining
体内受精	體內受精	internal fertilization
体视显微镜(=立体显微镜)		
体外，离体	體外，[離體]試管內	in vitro
体外活体染色(=超活染色)		
体外培养	體外培養，離體培養	in vitro culture
体外受精	體外人工受精	in vitro fertilization
体细胞	體細胞	somatic cell
体细胞变异	體細胞變異	somatic variation
体细胞重组	體細胞重組	somatic recombination
体细胞核移植	體細胞核轉移	somatic cell nuclear transfer
体细胞基因治疗	體細胞基因治療	somatic gene therapy
体细胞克隆变异	體細胞株變異	somaclonal variation
体细胞突变	體細胞突變	somatic mutation
体细胞杂交	體細胞雜交	somatic hybridization
体细胞杂种	體細胞雜種	somatic cell hybrid
体液免疫	體液免疫	humoral immunity
体液免疫应答	體液免疫反應	humoral immune response
天青 B	天藍 B	azure B
天然免疫	天然免疫	natural immunity
天然杀伤细胞(=自然		

大 陆 名	台 湾 名	英 文 名
杀伤细胞)		
天线复合物	天線複合體	atenna complex
条件培养液	條件培養液	conditioned medium
调节基因	調節基因	regulatory gene
调节启动子	調控啟動子	regulatory promoter
调节位点	調節位置	regulatory site
调整[型]卵	調控卵	regulatory egg
贴壁培养	貼壁式細胞培養	attachment culture，adherent culture
贴壁依赖性	依賴固著性	anchorage dependence
贴壁依赖性生长	依賴固著生長	anchorage-dependent growth
贴壁依赖性细胞，依赖 贴壁细胞	依賴貼附細胞	anchorage-dependent cell
贴壁因子，锚着因子	固著因子	anchoring factor
铁蛋白	鐵蛋白	ferritin
铁硫蛋白	鐵硫蛋白	iron-sulfur protein
铁硫中心	鐵硫中心	iron-sulfur center
停靠蛋白质，船坞蛋白 质	停靠蛋白質	docking protein
停止转移序列	停止轉移序列	stop transfer sequence
通道蛋白	通道蛋白	channel protein
通透酶	通透酶	permease
通透性	通透性	permeability
通透性转变	通透性轉換	permeability transition，PT
通透性转变通道	通透性轉運孔	permeability transition pore，PTP
通用转录因子	一般轉錄因子	general transcription factor
同步化	同步化	synchronization
同工 tRNA	同工 tRNA	isoacceptor tRNA
同核体	同核體	homokaryon
同配生殖	同配生殖，同形配子接 合	isogamy
[同向]共运输，同向转 运	同向運輸	symport
同向转运(=[同向]共 运输)		
同向转运体	同向運輸蛋白	symporter
同形孢子	同形孢子	isospore
同形配子	同形配子	isogamete
同型融合	同型融合	homotypic fusion

大　陆　名	台　湾　名	英　文　名
同源多倍体	同源多倍體	autopolyploid
同源多倍性	同源多倍性	autopolyploidy
同源克隆	同源選殖，同源複製	homologous cloning
同源联会	同源聯會	autosynapsis
同源染色体	同源染色體	homologous chromosome
同源四倍体	同源四倍體	autotetraploid
同源四倍性	同源四倍性	autotetraploidy
同源异倍体	同源異倍體	autoheteroploid
同源异倍性	同源異倍性	autoheteroploidy
同源异形基因	同源異型基因	homeotic gene，homeobox gene，*Hox* gene
同源异形框	同源框，同源區	homeobox
同源异形突变，体节转变突变	同源異型突變	homeotic mutation
同源异形突变体	同源異型突變株	homeotic mutant
同源异形选择者基因	同源異型選擇基因	homeotic selector gene
同源异形域	同源異型功能域	homeodomain
同源异形转化	同源異型轉化	homeosis，homoeosis
同种型	同型	isotype
同种异型	同種異型性	allotype
投影术，喷镀术，铸型技术	陰影投射	shadow casting
透明带	透明帶	zona pellucida
透明剂	透明劑	transparent reagent
透明质	透明質	hyaloplasm
透明质酸	透明質酸，玻尿酸	hyaluronic acid，hyaluronan
透明质酸酶	透明質酸酶，玻尿酸酶	hyaluronidase
透明质酸黏素	透明質酸黏素，玻尿酸黏素	hyalherin
透射电子显微镜	穿透式電子顯微鏡	transmission electron microscope，TEM
透射扫描电子显微镜	穿透式掃描電子顯微鏡	transmission scanning electron microscope，TSEM
ts 突变体(=温度敏感突变体)		
突变子	突變元，突變單位	muton
突触	突觸	synapse
突触融合蛋白	突觸融合蛋白	syntaxin
突触信号传送	突觸訊息傳遞	synaptic signaling
图像重构	影像重現	image reconstruction

大 陆 名	台 湾 名	英 文 名
图像显示(=视频图形显示)		
涂片	塗片	smear
C_3途径	三碳途徑	C_3 pathway
C_4途径	四碳途徑，海奇-史萊克途徑	C_4 pathway，Hatch-Slack pathway
团聚体	團聚體	coacervate
吞排循环	吞排循環	endocytic-exocytic cycle
吞排作用	胞飲作用	cytosis
吞噬溶酶体	吞噬溶酶體	phagolysosome
吞噬体	吞噬體	phagosome
吞噬细胞	吞噬細胞	phagocyte
吞噬[作用]	吞噬作用	phagocytosis
吞饮[作用](=胞饮[作用])		
脱分化(=去分化)		
脱落酸	離層酸，離層素，冬眠素	abscisic acid
脱敏	去敏感作用	desensitization
NADH 脱氢酶复合体	NADH 去氫酶複合體	NADH dehydrogenase complex
脱水剂	脱水劑	dehydration reagent
脱氧核糖核酸	去氧核糖核酸，去氧核醣核酸	deoxyribonucleic acid，DNA
驼背基因	*Hunchback* 基因	*hunchback* gene，*hb* gene
DNA 拓扑异构酶	DNA 拓撲異構酶	DNA topoisomerase
唾腺染色体	唾腺染色體	salivary gland chromosome
唾液酸	唾液酸	sialic acid

W

大 陆 名	台 湾 名	英 文 名
外包	外包	epiboly
外分泌	外分泌	exocrine，excrine
外核膜	外核膜	outer nuclear membrane
外激素(=信息素)		
外排体	外來體	exosome
外排作用(=胞吐[作用])		

大　陆　名	台　湾　名	英　文　名
外胚层	外胚層	ectoderm
外切核酸酶	核酸外切酶	exonuclease
外切体	外體	exosome
外推假说	推力假說	push hypothesis
外显肽	外顯蛋白	extein
外显子	外顯子，表現序列	exon
外植	移植	explantation
外植块	組織塊	explant
外植体	培植體	explant
外质	外質	ectoplasm，ectosarc，exoplasm
外质体	外質體	ectoplast
外周蛋白	周邊素，外周蛋白	peripherin
完全抗原	完全抗原	complete antigen
完全卵裂	完全卵裂	holoblastic cleavage
晚期内体	晚期内體	late endosome
网蛋白	網蛋白	plectin
网格蛋白，成笼蛋白	内涵蛋白	clathrin
网格蛋白有被小泡	内涵蛋白包覆泡囊	clathrin-coated vesicle，CCV
网格蛋白有被小窝	内涵蛋白包覆小窩	clathrin-coated pit，CCP
微 RNA	微小 RNA	micro RNA，miRNA
微胞饮	微胞飲作用	micropinocytosis
微滴培养	微滴培養	microdroplet culture
微端丝(=微棘)		
微分干涉相差显微镜	微分干涉相位差顯微鏡	differential-interference contrast microscope
微管	微管	microtubule，MT
微管成束蛋白	微管成束蛋白	syncolin
微管重复蛋白	微管重複蛋白	microtubule repetitive protein
微管蛋白	微管蛋白	tubulin
γ 微管蛋白环状复合物	γ 微管蛋白環狀複合體	γ-tubulin ring complex，γTuBC
微管滑动机制	微管滑動機制	sliding microtubule mechanism
微管滑动学说	微管滑動學說	sliding microtubule theory
微管溃散蛋白	災變蛋白	catastrophin
微管连接蛋白	微管連接蛋白	nexin
微管去稳定蛋白(=抑微管装配蛋白)		
微管相关蛋白质	微管相關蛋白	microtubule-associated protein，MAP
微管组织中心	微管組織中心	microtubule organizing center，MTOC

大　陆　名	台　湾　名	英　文　名
微过氧化物酶体	微過氧化酶體	microperoxisome
微核	小核	micronucleus
微核细胞	小核細胞	micronucleated cell
微棘，微端丝	微細胞質突起	microspike
微孔滤器	微孔[過]濾器	millipore filter
微粒体	微粒體	microsome
微梁网	微條網路	microtrabecular network，microtrabecular lattice
微量层析	微量層析法	microchromatography
微量电泳	微量電泳	microelectrophoresis
微量培养	微量培養	microculture
微量移液器	微量吸管	micropipette
微囊培养	微囊培養	microcapsule culture
β微球蛋白	β微球蛋白	β-microglobulin
微绒毛	微絨毛	microvillus
微射轰击	顯微衝擊	microinjection bombardment
微室培养	微室培養	microchamber culture
微丝	微絲	microfilament，MF
微丝切割蛋白	微絲切割蛋白	adseverin
微体	微體，微粒體	microbody
微卫星 DNA	微從屬 DNA，微衛星 DNA	microsatellite DNA
微细胞	微型細胞	microcell
微型染色体	袖珍染色體	minichromosome
微原纤维	微纖絲	microfibril
微载体培养	微載體培養	microcarrier culture
微阵列	微陣列	microarray
DNA 微阵列	DNA 微陣列	DNA microarray
β微珠蛋白	β微球蛋白	β-microglobin
维甲酸(=视黄酸)		
伪足	偽足	pseudopodium
尾节	尾節	telson
纬裂	緯裂，緯割	latitudinal cleavage
卫星 DNA	從屬 DNA，衛星 DNA，隨體 DNA	satellite DNA
A 位(=氨酰位)		
E 位(=出口位)		
P 位(=肽酰位)		

大　陆　名	台　湾　名	英　文　名
位置效应	位置效應	position effect
位置信息	位置訊息	positional information
位置值	位置值	positional value
魏斯曼学说	魏斯曼學説	Weismanism
温度敏感突变体，ts 突变体	溫度敏感突變體	temperature-sensitive mutant，ts mutant
纹孔场	導孔區	pit field
乌纳染色	翁娜染色	Unna staining
乌氏体	烏氏體	Ubisch body
无孢子生殖	無孢子形成	apospory
无蛋白培养基(=无蛋白培养液)		
无蛋白培养液，无蛋白培养基	無蛋白培養液，無蛋白[質]培養基	protein-free medium
无核精子	無核精子	apyrene sperm
无核细胞	無核細胞	akaryote
无脊椎动物连接蛋白	無脊椎動物連接蛋白	innexin
无能性	無能性	nullipotency
无配子生殖	無配子生殖	apogamy
无融合	無融合	amixis
无融合结实	無融合結實	apogamogony
无融合生殖	不受精生殖	apomixis
无融合生殖体	不經授精形成的植物	apomict
无生源说(=自然发生说)		
无丝分裂	無絲分裂，直接分裂	amitosis
无尾精子	無尾精子	spherospermium
无细胞系统	無細胞系統	cell-free system
无限细胞系，连续细胞系	無限細胞株	infinite cell line，continuous cell line
无限增殖化，永生化	胚質不滅，胚質永存性	immortalization
无星体有丝分裂	無星有絲分裂	anastral mitosis
无性孢子	無性孢子	asexual spore
无性繁殖系(=克隆)		
无性接合孢子，拟接合孢子	單性接合孢子，擬接合孢子	azygospore
无性生殖	無性生殖	asexual reproduction
无血清培养基(=无血		

大　陆　名	台　湾　名	英　文　名
清培养液)		
无血清培养液，无血清培养基	無血清培養基	serum-free medium
无着丝粒倒位	無著絲點倒位	akinetic inversion
无着丝粒染色体	無著絲點染色體，無著絲粒染色體	akinetic chromosome
物镜	物鏡	objective lens
物理图[谱]	物理圖	physical map

X

大　陆　名	台　湾　名	英　文　名
吸泡	肺泡	alveolus
吸器	吸器	haustorium
吸收光谱	吸收光譜	absorption spectrum
吸收系数	吸收係數	absorption coefficient
希夫试剂	席夫試劑	Schiff's reagent
稀疏培养	稀疏培養	spare culture
系统发生，系统发育	親緣關係，種系發生，系統發生	phylogeny，phylogenesis
系统发育(=系统发生)		
细胞	細胞	cell
K 细胞(=杀伤细胞)		
LAK 细胞(=淋巴因子激活的杀伤细胞)		
NK 细胞(=自然杀伤细胞)		
细胞癌基因，c 癌基因	細胞致癌基因，c-致癌基因	cellular oncogene，c-oncogene
细胞板	細胞板	cell plate
细胞壁	細胞壁	cell wall
细胞表面受体	細胞表面受體	cell surface receptor
B 细胞表位	B 細胞表位，B 細胞抗原決定位	B cell epitope
T 细胞表位	T 細胞表位	T cell epitope
细胞病理学	細胞病理學	cell pathology，cytopathology
细胞纯化	細胞純化	cell purification
细胞电泳	細胞電泳	cell electrophoresis

大 陆 名	台 湾 名	英 文 名
细胞凋亡	細胞凋亡	apoptosis
细胞动力学	細胞動力學	cytokinetics，cytodynamics
细胞毒素	細胞毒素	cytotoxin
细胞毒性T[淋巴]细胞	胞毒[型]T細胞，胞毒[型]T淋巴球，毒殺性T淋巴球	cytotoxic T lymphocyte，cytotoxic T cell
[细胞]分化	細胞分化	cell differentiation
细胞分类学	細胞分類學	cytotaxonomy
细胞分离	細胞分離	cell separation
细胞分裂	細胞分裂	cell division
细胞分裂素，细胞激动素	細胞分裂素	cytokinin
细胞分裂周期基因	細胞分裂週期基因	cell division cycle gene，*cdc* gene
细胞分选	細胞分離	cell sorting
细胞分选仪	細胞分離儀	cell sorter
细胞工程	細胞工程	cell engineering
细胞骨架	細胞骨架	cytoskeleton
细胞光度术	細胞光度術	cytophotometry
[细]胞核，核	細胞核	nucleus，nuclei(复)
细胞核学	細胞核學	karyology
细胞呼吸[作用]	細胞呼吸作用	cellular respiration
细胞化学	細胞化學	cytochemistry
细胞混合(=细胞交融)		
细胞基质	細胞基質	cell matrix
细胞激动素(=细胞分裂素)		
细胞计量术	細胞計量術	cytometry
细胞间黏附分子	細胞間附著分子	intercellular adhesion molecule
[细]胞间桥	[細]胞間橋	intercellular bridge
[细]胞间隙	[細]胞間隙	intercellular space
细胞交融，细胞混合	細胞混合	cytomixis
细胞角蛋白	細胞角蛋白	cytokeratin
细胞节律	細胞節律	cell rhythm
细胞解体	細胞解體	cytoclasis
细胞介导免疫	細胞性免疫	cell-mediated immunity
细胞静止因子	細胞靜止因子	cytostatic factor，CSF
细胞决定	細胞決定	cell determination
细胞克隆	細胞複製	cell cloning

大　陆　名	台　湾　名	英　文　名
细胞库	細胞庫	cell bank，cell repository
细胞连接	細胞連接	cell junction
细胞裂解(=细胞溶解)		
细胞免疫	細胞免疫	cellular immunity
细胞免疫学	細胞免疫學	cellular immunology
细胞免疫应答	細胞免疫反應	cellular immune response
[细]胞膜	細胞膜	cell membrane
细胞内分化学说(=非 　内共生学说)		
细胞内受体	細胞內受體	intracellular receptor
细胞能[力]学	細胞能力學	cytoenergetics
细胞黏附	細胞黏附	cell adhesion
细胞黏附分子	細胞附著分子，細胞黏 　著分子	cell adhesion molecule，CAM
细胞培养	細胞培養	cell culture
细胞谱系	細胞譜系	cell lineage
细胞器	胞器	cellular organ，cellular organelle，organelle
细胞器基因组	胞器基因組，[細]胞器 　基因體	organelle genome
细胞器移植	胞器移植	organelle transplantation
细胞迁移	細胞遷移	cell migration
细胞亲和层析	細胞親和性層析	cell affinity chromatography
细胞溶解，细胞裂解	細胞溶解	cytolysis
细胞融合	細胞融合	cell fusion
细胞色素	細胞色素	cytochrome
细胞色素 P450	細胞色素 P450	cytochrome P450
NADH-细胞色素 b_5 还 　原酶	NADH-細胞色素 b_5 還 　原酶	NADH-cytochrome b_5 reductase
细胞色素氧化酶	細胞色素氧化酶	cytochrome oxidase
细胞社会性	細胞社會性	cell sociality
细胞社会学	細胞社會學	cell sociology
细胞生理学	細胞生理學	cell physiology，cytophysiology
细胞生物学	細胞生物學	cell biology
细胞生长	細胞生長	cell growth
细胞识别	細胞辨識	cell recognition
细胞世代时间	細胞世代間隔	cell generation time
B 细胞受体	B 細胞受體	B cell receptor，BCR
T 细胞受体	T 細胞受體	T cell receptor，TCR

大　陆　名	台　湾　名	英　文　名
细胞衰老	細胞衰老	cell aging，cell senescence
细胞死亡	細胞死亡	cell death
细胞松弛素(=松胞菌素)		
细胞通信	細胞溝通	cell communication
细胞外被	細胞外套	cell coat
[细]胞外基质	[細]胞外基質	extracellular matrix，ECM
[细]胞外基质受体	[細]胞外基質受體	extracellular matrix receptor
细胞系	細胞株	cell line
细胞向性	細胞間向性	cytotropism
细胞信号传导(=细胞信号传送)		
细胞信号传送,细胞信号传导	細胞訊息傳遞	cell signaling
细胞形态学	細胞形態學	cell morphology，cytomorphology
细胞学	細胞學	cytology
细胞学说	細胞學說	cell theory
细胞学图	細胞學圖	cytological map
细胞亚株	細胞亞株	cell substrain
T 细胞依赖性抗原,依赖 T 的抗原,胸腺依赖性抗原	T-依賴型抗原,胸腺依賴性抗原	thymus-dependent antigen，T-dependent antigen，TD-Ag
细胞移动	細胞移動	cell locomotion
细胞遗传学	細胞遺傳學	cytogenetics，cell genetics
细胞因子	細胞激素	cytokine
细胞因子受体超家族	細胞激素受體超家族	cytokine receptor superfamily
细胞荧光测定术	細胞螢光測定術	cytofluorometry
细胞运动	細胞移動	cell movement
细胞运动性	細胞移動性	cell mobility
细胞杂交	細胞融合	cell hybridization
B 细胞杂交瘤	B 細胞融合瘤	B cell hybridoma
细胞增殖	細胞增生	cell proliferation
[细]胞质	[細]胞質	cytoplasm
细胞质基因组	染色體外[之]遺傳基因，細胞質基因	plasmon
[细]胞质桥	[細]胞質橋	cytoplasmic bridge
细胞周期	細胞週期	cell cycle
[细胞]周期蛋白	週轉蛋白，週期素，細	cyclin

大　陆　名	台　湾　名	英　文　名
	胞週期調節蛋白	
细胞周期检查点	細胞週期檢驗點	cell cycle checkpoint
细胞株	細胞株	cell strain
细胞滋养层	細胞滋養層，細胞滋養細胞	cytotrophoblast
细胞组	[細胞質]微粒體系	cytome
细胞[组分]分级分离	細胞胞器分離	cell fractionation
细胞组学	細胞體學	cytomics
细肌丝	細絲	thin myofilament，thin filament
细菌	細菌	bacterium，bacteria（复）
细菌人工染色体	細菌人工染色體	bacterial artificial chromosome，BAC
细菌组蛋白(=HU 蛋白)		
细丝蛋白	絲蛋白	filamin
细线期	細紐期，線狀染色體期	leptotene，leptonema
下胚层	下胚層	hypoblast
下胚轴	下胚軸	hypocotyl
先成说，预成论	先成說	preformation
先天免疫(=固有免疫)		
纤连蛋白	纖維黏連蛋白	fibronectin
纤毛	纖毛	cilium
纤毛动力蛋白	纖毛動力蛋白	ciliary dynein
纤毛小根系统	小根系統	rootlet system
纤丝滑动机制	滑絲機制	sliding filament mechanism
纤丝切割蛋白	絲狀纖維切割蛋白	filament severing protein
纤丝状肌动蛋白，F 肌动蛋白	絲狀纖維激動蛋白	filamentous actin，F-actin
纤维	纖維	fiber
km 纤维	km 纖維	km-fiber
纤维冠	纖維冠	fibrous corona
纤维素	纖維素	cellulose
纤维素酶	纖維素酶	cellulase
纤细蛋白	細絲蛋白，細棒蛋白	tenuin
衔接蛋白	銜接蛋白	adaptin
衔接体蛋白质	接附蛋白，接引器蛋白	adaptor protein
C 显带	C 帶	C-banding
G 显带，G 分带	G 帶	G-banding
Q 显带，Q 分带	Q 帶	Q-banding

大 陆 名	台 湾 名	英 文 名
显微操作	顯微操作	micromanipulation
显微操作仪	顯微操作器	micromanipulator
显微电影术	顯微電影照相術	microcinematography
显微放射自显影术	微射線自動攝影術	microautoradiography
显微分光光度计	顯微分光光度計	microspectrophotometer
显微分光光度术	顯微分光測定法	microspectrophotometry
显微光度计	微光度計	microphotometer
显微光度术	微光度測定法	microphotometry
显微光密度测定法	顯微密度量測法	microdensitometry
显微灰化法	顯微灰化法	microincineration
显微技术	顯微技術	microtechnique
显微结构	顯微結構	microscopic structure
显微解剖	顯微解剖	micro-dissection
显微镜	顯微鏡	microscope
显微摄影术	顯微攝影術	photomicrography
显微术	顯微術	microscopy
显微外科术	顯微外科術	microsurgical technique
显微荧光测定术	顯微螢光測定術	microfluorometry
显微荧光光度术	顯微螢光光度術	microfluorophotometry
显微注射	顯微注射	microinjection
M 线	M 帶，M 線	M band，M line
Z 线	Z 線	Z line
线粒体	粒線體，線粒體	mitochondrion，mitochondria（复）
线粒体 DNA	粒線體 DNA	mitochondrial DNA
线粒体穿膜电位	粒線體跨膜電位	mitochondrial transmembrane potential
线粒体分裂	粒線體分裂	chondriokinesis，mitochondriokinesis
线粒体核糖体	粒線體核糖體	mitoribosome
线粒体基因组	粒線體基因組，粒線體 基因體	mitochondrial genome
线粒体基质	粒線體基質	mitochondrial matrix
线粒体嵴	粒線體嵴	mitochondrial crista
线粒体嵴膜接口模型	粒線體堆間隙模型	mitochondrial cristae-junction model
线粒体膜通透作用	粒線體膜通透性	mitochondrial membrane permeabiliza- tion，MMP
线粒体内膜	粒線體內膜	mitochondrial inner membrane
线粒体内膜转运体复 合体，TIM 复合体	TIM 複合體	TIM complex
线粒体热激蛋白 p60	粒線體熱休克蛋白 p60	mHsp60

大　陆　名	台　湾　名	英　文　名
线粒体热激蛋白 p70	粒線體熱休克蛋白 p70	mHsp70
线粒体融合	粒線體融合	mitochondrial fusion
线粒体融合蛋白 1	粒線體融合蛋白-1	mitofusion 1，MFN1
线粒体融合蛋白 2	粒線體融合蛋白-2	mitofusion 2，MFN2
线粒体通透性转变	粒線體通透性轉換	mitochondrial permeability transition，MPT
线粒体通透性转变通道	粒線體通透性轉運孔	mitochondrial permeability transition pore，mPTP
线粒体外膜	粒線體外膜	mitochondrial outer membrane
线粒体外膜转运体复合体，TOM 复合体	TOM 複合體	TOM complex
限定(=定型)		
限制点	限制切點	restriction point
限制酶	限制酶，限制酵素	restriction enzyme
限制[酶切]位点	限制酶切位	restriction site
MHC 限制性(=主要组织相容性复合体限制性)		
陷窝，胞膜窖	陷窩	caveola
陷窝蛋白，窖蛋白	陷窩蛋白	caveolin
腺病毒	腺病毒	adenovirus
腺二磷(=腺苷二磷酸)		
腺苷	腺苷，腺嘌呤核苷	adenosine，A
腺苷二磷酸，腺二磷	雙磷酸腺苷，腺苷二磷酸，二磷酸腺嘌呤	adenosine diphosphate，ADP
腺苷三磷酸，腺三磷	腺苷三磷酸，三磷酸腺苷	adenosine triphosphate，ATP
腺苷三磷酸酶，ATP 酶	腺苷三磷酸酶	adenosine triphosphatase，ATPase
腺苷酸环化酶	腺苷酸環化酶	adenylate cyclase，adenylyl cyclase，cAMPase
腺苷脱氨酶	腺[核]苷去胺酶	adenosine deaminase，ADA
腺苷一磷酸，腺一磷	腺苷單磷酸，單磷酸腺苷，單磷酸腺嘌呤	adenosine monophosphate，AMP
腺瘤性结肠息肉	大腸腺瘤息肉，腺瘤性結腸息肉	adenomatous polyposis coli，APC
腺嘌呤核苷酸转运体	腺嘌呤核苷酸轉位蛋白	adenine nucleotide translocator，ANT
腺三磷(=腺苷三磷酸)		

大　陆　名	台　湾　名	英　文　名
腺一磷(=腺苷一磷酸)		
镶嵌[型]卵	嵌合型卵	mosaic egg
相差显微镜	相[位]差顯微鏡	phase contrast microscope
消去蛋白，破丝蛋白	破解蛋白	destrin
小 G 蛋白	小 G 蛋白	small G-protein
小孢子	小孢子	microspore
小孢子发生	小孢子形成	microsporogenesis
小孢子母细胞	小孢子母細胞	microsporocyte，microspore mother cell
T 小管(=横小管)		
小核	小核	micronucleus
小泡	小泡，囊泡	vesicle
小泡运输	小泡運輸	vesicular transport
小配子	小配子	microgamete
X 小体	X 小體	X body
小细胞	迷你細胞	mini cell
小型配子结合	小型配子生殖	microgamy
效应物	效應物	effector
效应细胞	效應細胞	effector cell
Rab 效应子	Rab 效應器	Rab effector
协同运输，协同转运	共同運輸	co-transport，coupled transport
协同转运(=协同运输)		
协助扩散(=易化扩散)		
协阻遏物(=辅阻遏物)		
心血管发生	血管發生，血管發育	vasculogenesis
DNA 芯片	DNA 晶片	DNA chip
锌指	鋅指	zinc finger
锌指结构域，锌指模体	鋅[手]指功能域	zinc finger motif
锌指模体(=锌指结构域)		
新细胞质	新細胞質	neocytoplasm
信号斑	訊號斑	signal patch
Jak-STAT 信号传送途径	Jak-STAT 訊號傳遞途徑	Jak-STAT signaling pathway
[信号]串流	串擾，串音	cross-talk
信号发散	訊號發散	signal divergence
信号放大	訊號放大	signal amplification
信号分子	訊號分子	signal molecule
信号会聚	訊號會聚	signal convergence

大　陆　名	台　湾　名	英　文　名
信号假说	訊號假說	signal hypothesis
信号识别颗粒	訊號辨識粒子	signal recognition particle，SRP
信号识别颗粒受体	訊號辨識粒子受體	signal recognition particle receptor，SRP receptor
信号肽	訊息肽，訊號肽	signal peptide
信号肽酶	訊號肽酶	signal peptidase
信号脱敏	訊號去敏感化	signal desensitization
信号细胞	訊號細胞	signaling cell
信号序列	訊息序列，訊號序列	signal sequence
信号学说	訊號學説	signal theory
信号转导	訊息傳遞	signal transduction
信号转导及转录激活蛋白	訊號轉導及轉錄活化蛋白	signal transducer and activator of transcription，STAT
信号转导级联反应	訊息傳遞連級，訊號傳遞鏈	signal transduction cascade
信号转导途径	訊息傳遞途徑	signal transduction pathway，signal pathway
信使	信使，傳訊者	messenger
信使 RNA	傳訊 RNA，訊息 RNA	messenger RNA，mRNA
信息素，外激素	費洛蒙	pheromone
信息体	訊息體	informosome
星射线	星體絲	astral ray，astral fiber
星体	星狀體	aster
星体球	星體球	astrosphere
星体微管	星體微管	astral microtubule
星心体	星心體	astrocenter
星形胶质细胞	星狀細胞	astrocyte
形成面(=顺面)		
形态测量细胞学	形態測量細胞學	morphometric cytology
形态发生	形態發生，形態演化	morphogenesis
形态发生素	形態決定素，成形素	morphogen
形态发生运动	形態演發運動	morphogenetic movement
形态计量法	形態測定法	morphometry
A 型 DNA	A 型 DNA	A-form DNA
B 型 DNA	B 型 DNA	B-form DNA
Z 型 DNA	Z 型 DNA	Z-form DNA
P 型[离子]泵	P 型離子幫浦	P-type [ion] pump
F 型 ATP 酶	F 型 ATP 酶	F-type ATPase

大　陆　名	台　湾　名	英　文　名
P 型 ATP 酶	P 型 ATP 酶	P-type ATPase
V 型 ATP 酶	V 型 ATP 酶	V-type ATPase
V 型[质子]泵	V 型[質子]幫浦，V 型 [質子]泵	V-type [proton] pump
性别	性別	sexuality
性别分化	性別分化	sex differentiation
性别决定	性別決定	sex determination
性染色体	性染色體	sex chromosome
性染色质体	性染色質體	sex chromatin body
胸腺	胸腺	thymus
胸腺保育细胞(=胸腺 抚育细胞)		
胸腺抚育细胞，胸腺保 育细胞	胸腺保護細胞	thymic nurse cell，TNC
胸腺嘧啶核苷	胸腺嘧啶核苷	thymidine
胸腺细胞	胸腺細胞	thymocyte
胸腺驯育	胸腺教育	thymic education
胸腺依赖性抗原(=T 细胞依赖性抗原)		
雄核	雄核	arrhenokaryon
雄核发育(=孤雄生殖)		
雄核卵块发育	卵片發育	andromerogony
雄配子	雄配子	androgamete
雄细胞	雄細胞	androcyte
雄原核	雄[性]原核	male pronucleus
雄原核生长因子	雄原核生長因子	male pronucleus growth factor，MPGF
雄原细胞	雄原細胞	androgonium
雄质	雄質	androplasm，arrhenoplasm
雄中心体	雄性中心體	spermocenter
修块机	組織塊修整機	pyramitome
溴化乙锭	溴化乙錠	ethidium bromide
RGD 序列	RGD 序列	RGD sequence
序列测定，测序	定序	sequencing
序列特异性转录因子	序列專一性轉錄因子	sequence-specific transcription factor
序列同源性	序列同源性，序列相似 性	sequence homology
悬滴培养	懸滴培養	hanging drop culture
悬浮培养	懸浮培養	suspension culture

大　陆　名	台　湾　名	英　文　名
旋动培养	旋轉式培養	spinner culture
旋转管培养	旋轉管培養	rotate tube culture
旋转卵裂	旋轉卵裂	rotational cleavage
选凝素，选择素	選擇素	selectin
选择素(=选凝素)		
选择[通]透性	選[擇通]透性	selective permeability
选择[通]透性膜	選[擇通]透[性]膜	selectively permeable membrane
选择性剪接(=可变剪接)		
选择者基因	選擇者基因	selector gene
血岛	血島	blood island
血管紧张素(=血管紧张肽)		
血管紧张肽，血管紧张素	血管收縮素	angiotensin
血管紧张肽Ⅱ	第二型血管收縮素	angiotensin Ⅱ
血管紧张肽原	血管收縮素原	angiotensinogen
血管内皮[细胞]生长因子	血管内皮細胞生長因子	vascular endothelial growth factor，VEGF
[血管]内皮细胞抑制素(=[血管]内皮抑制蛋白)		
[血管]内皮抑制蛋白，[血管]内皮细胞抑制素	内皮抑制素	endostatin
血管生成素，血管生长素	血管生成素，血管生長素	angiopoietin
血管生长素(=血管生成素)		
血管细胞黏附分子	血管細胞附著分子	vascular cell adhesion molecule
血管抑[制]素	血管抑制素	angiostatin
血红蛋白	血紅蛋白	haemoglobin，hemoglobin，Hb
血蓝蛋白	血藍蛋白	haemocyanin，hemocyanin
血清应答因子	血清反應因子	serum response factor，SRF
血清应答元件	血清反應元素，血清反應元件	serum response element，SRE
血细胞	血細胞	haemocyte，hemocyte
血细胞计数器	血球計數器	haemacytometer

大 陆 名	台 湾 名	英 文 名
血纤蛋白	血纖維蛋白	fibrin
血纤维蛋白溶酶原	[血]纖維蛋白溶酶原	plasminogen
血小板	血小板	platelet，thrombocyte
血小板来源生长因子 （=血小板衍生生长 因子）		
血小板内皮细胞黏附 分子1	血小板内皮細胞附著 分子-1	platelet endothelial cell adhesion mole- cule-1，PECAM-1
血小板生成素	血小板生長因子	thrombopoietin
血小板衍生生长因子， 血小板来源生长因 子	血小板衍生生長因子	platelet-derived growth factor，PDGF
血型糖蛋白	血型糖蛋白	glycophorin
血影	血影，影細胞	ghost
血影蛋白	血影蛋白，紅血球膜内 蛋白	spectrin
C_3循环	三碳循環	C_3 cycle
C_4循环	四碳循環	C_4 cycle
循环光合磷酸化	循環光合磷酸化	cyclic photophosphorylation
循环式电子传递途径	循環[式]電子傳遞途 徑	cyclic electron transport pathway

Y

大 陆 名	台 湾 名	英 文 名
压片	壓片	squash slide
芽基	胚基	blastema
芽基发育	芽生法	blastogenesis
哑铃蛋白(=巢蛋白)		
亚倍体	缺倍數體，正常倍數體 少一、二染色體，低 倍體	hypoploid
亚倍性	缺倍數體性	hypoploidy
亚甲蓝	亞甲藍	methylene blue
亚甲绿	亞甲綠	methylene green
亚克隆	次選殖	subclone
亚克隆化	次選殖化，單株化	subcloning
亚显微结构	次顯微結構	submicroscopic structure

大　陆　名	台　湾　名	英　文　名
亚线粒体颗粒	次粒線體顆粒	submitochondrial particle
亚线粒体小泡	次粒線體小泡	submitochondrial vesicle
亚原生质体	亞原生質體	sub-protoplast
亚中着丝粒染色体 　（=近中着丝粒染色 　体）		
亚洲及太平洋地区细 　胞生物学会联合会	亞洲及太平洋地區細 　胞生物學會聯合會	Asian-Pacific Organization for Cell Biol- ogy，APOCB
烟酰胺腺嘌呤二核苷 　酸，辅酶Ⅰ	菸鹼醯胺腺嘌呤二核 　苷酸，輔酶Ⅰ	nicotinamide adenine dinucleotide，NAD
烟酰胺腺嘌呤二核苷 　酸磷酸，辅酶Ⅱ	菸鹼醯胺腺嘌呤二核 　苷酸磷酸，輔酶Ⅱ	nicotinamide adenine dinucleotide phos- phate，NADP
岩藻黄质(=藻褐素)		
炎症细胞	發炎細胞	inflammatory cell
掩蔽蛋白	掩蔽蛋白	maskin
洋红	胭脂紅色素	carmine
氧化还原电位	氧化還原電位	reduction oxidation potential，redox po- tential
氧化磷酸化	氧化磷酸化	oxidative phosphorylation
Polo样激酶1(=极样激 　酶1)		
Toll样受体	Toll樣受體	Toll-like receptor，TLR
叶褐素	葉褐素	phaeophyll
叶褐体	葉褐體	phaeoplast
叶绿素	葉綠素	chlorophyll
叶绿体	葉綠體	chloroplast
叶绿体DNA	葉綠體DNA	chloroplast DNA，ctDNA
叶绿体被膜	葉綠體被膜	chloroplast envelope
叶绿体基粒	葉綠體基粒	chloroplast granum
叶绿体基因组	葉綠體基因體，葉綠體 　基因組	chloroplast genome
叶绿体基质	葉綠體基質	chloroplast stroma
叶绿体线	葉綠體線	chloroplastonema
叶培养	葉培養	leaf culture
叶肉	葉肉	mesophyll
叶足	葉狀偽足	lobopodium
[液]泡	液泡	vacuole
液泡膜(=液泡形成体)		

大　陆　名	台　湾　名	英　文　名
液泡形成体，液泡膜	液泡膜	tonoplast
液泡质子 ATP 酶	液泡質子 ATP 酶	vacuolar proton ATPase
液体培养	液體培養	liquid culture
液体浅层静置培养	液體淺層靜置培養	culture in shallow liquid medium
液体闪烁光谱测定法	液態閃爍分光測定法	liquid scintillation spectrometry
液体闪烁计数器	液態閃爍計數器	liquid scintillation counter
液体闪烁仪	液態閃爍計數儀	liquid scintillation spectrometer
液相层析	液相層析	liquid chromatography，LC
一倍体	單倍體	monoploid
一氧化氮	一氧化氮	nitric oxide，NO
一氧化氮合酶	一氧化氮合成酶	nitric oxide synthase，NOS
衣被蛋白Ⅰ	外被體蛋白Ⅰ	coatomer proteinⅠ，COPⅠ
衣被蛋白Ⅱ	外被體蛋白Ⅱ	coatomer proteinⅡ，COPⅡ
衣壳，壳体	衣殼，蛋白殼，被囊體	capsid
依赖 cAMP 的蛋白激酶	依環腺苷酸蛋白激酶	cAMP-dependent protein kinase
依赖 T 的抗原(=T 细胞依赖性抗原)		
依赖泛素的降解	泛素依賴性降解	ubiquitin-dependent degradation
依赖 Ca^{2+}/钙调蛋白的蛋白激酶	依鈣離子/攜鈣素蛋白激酶	Ca^{2+}/calmodulin-dependent protein kinase
依赖抗体的吞噬作用	抗體依賴性吞噬作用	antibody-dependent phagocytosis
依赖抗体的细胞毒性，抗体依赖性细胞介导的细胞毒作用	抗體依賴性毒殺細胞反應	antibody-dependent cell-mediated cytotoxicity，ADCC
依赖密度的生长抑制(=密度依赖的细胞生长抑制)		
依赖贴壁细胞(=贴壁依赖性细胞)		
依赖于 DNA 的 DNA 聚合酶	DNA 依賴型 DNA 聚合酶	DNA-dependent DNA polymerase
依赖于 DNA 的 RNA 聚合酶	DNA 依賴型 RNA 聚合酶	DNA-dependent RNA polymerase
依赖于 RNA 的 DNA 聚合酶	RNA 依賴型 DNA 聚合酶	RNA-dependent DNA polymerase
依序表达	依序表現	sequential expression
胰蛋白酶	胰蛋白酶	trypsin

大 陆 名	台 湾 名	英 文 名
胰岛素样生长因子	類胰島素生長因子	insulin-like growth factor，IGF
胰多肽	胰多肽	pancreatic polypeptide
移动区带离心	移動區帶離心	moving-zone centrifugation
移动抑制因子	移動抑制因子	migration inhibition factor，MIF
移码	移碼，框構轉移	frame shift
移位酶	移位酶，轉位酶	translocase
移植	移植	transplantation
移植物排斥	移植物排斥	graft rejection
遗传工程，基因工程	遺傳工程	genetic engineering
遗传工程抗体，重组抗体	遺傳工程抗體	genetic engineering antibody
遗传密码	遺傳密碼	genetic code
遗传图	遺傳圖	genetic map
N-乙基马来酰亚胺敏感性融合蛋白，N-乙基顺丁烯二酰亚胺敏感性融合蛋白	N-乙基順丁烯二醯亞胺敏感融合蛋白	N-ethylmaleimide-sensitive fusion protein，NSF
N-乙基顺丁烯二酰亚胺敏感性融合蛋白（=N-乙基马来酰亚胺敏感性融合蛋白）		
乙醛酸循环体	乙醛酸循環體	glyoxysome
N-乙酰胞壁酸	N-乙醯[胞]壁酸	N-acetylmuramic acid，NAM
乙酰胆碱	乙醯膽鹼	acetylcholine，ACh
乙酰胆碱受体	乙醯膽鹼受體	acetylcholine receptor
乙酰胆碱酯酶	乙醯膽鹼酯酶	acetylcholine esterase
乙酰辅酶 A	乙醯輔酶 A	acetyl coenzyme A，acetyl CoA
N-乙酰葡糖胺	N-乙醯葡萄糖胺	N-acetylglucosamine，NAG
N 乙酰神经氨酸	N-乙醯神經胺酸，唾液酸	N-acetylneuraminic acid，NANA
已知成分培养液（=确定成分培养液）		
异倍体	異倍體	heteroploid
异倍体细胞系	異倍體細胞株	heteroploid cell line
异倍性	異倍性	heteroploidy
异臂倒位	異臂倒位	heterobrachial inversion
异常剪接	異常剪接	aberrant splicing
异核体	異核體	heterokaryon

大　陆　名	台　湾　名	英　文　名
异核细胞	異核細胞	heterokaryocyte
异化分裂	異化分裂	heterokinesis
异硫氰酸荧光素	異硫氰酸螢光素	fluorescein isothiocyanate，FITC
异配生殖	異配生殖，異配結合	anisogamy，heterogamy
异染色体	異染色體	heterochromosome，allosome
异染色质	異染色質	heterochromatin
异染性	異染性	metachromasia
异染性染料	異染性染料	metachromatic dye
异三聚体 G 蛋白	異三元體 G 蛋白	heterotrimeric G-protein
异噬溶酶体	異噬菌溶體	heterophagic lysosome
异体吞噬	異體吞噬	heterophagy
异体吞噬泡	異噬菌囊泡	heterophagic vacuole
异体移植	異種移植	xenograft
异[吞]噬体	異噬菌體	heterophagosome
异形孢子	異型孢子	heterospore，anisospore
异形配子	異型配子	heterogamete，anisogamete
异源多倍体	異源多倍體	allopolyploid
异源多倍性	異源多倍性	allopolyploidy
异源联会	異源聯會	allosyndesis
异源四倍体	異源四倍體	allotetraploid
异源异倍体	異源異倍體	alloheteroploid
异源异倍性	異源異倍性	alloheteroploidy
异藻蓝蛋白(=别藻蓝 　　蛋白)		
异株受精	異花受粉，異株受精， 　　異株傳粉	xenogamy
抑癌基因(=抗癌基因)		
抑素	抑素	chalone
抑微管装配蛋白，微管 　　去稳定蛋白	微管去穩定蛋白	stathmin
抑微丝蛋白	抑微絲蛋白	aginactin
抑制性 T 细胞	抑制 T 細胞	suppressor T cell
易化扩散，促进扩散， 　　协助扩散	促進擴散	facilitated diffusion
易化运输	促進[性]運輸	facilitated transport
易位	移位，轉位	translocation
易位蛋白质(=转运体)		
易位子(=转运体)		

大　陆　名	台　湾　名	英　文　名
缢断蛋白(=发动蛋白)		
缢痕	缢痕，隘缩	constriction
F 因子	F 因子	F-factor
σ 因子	σ 因子	σ factor，sigma factor
ρ 因子	ρ 因子	ρ factor，rho factor
引发酶	引發酶，導引酶，引子酶	primase
引发体	引發體	primosome
引发体前体，前引发体	引發前體	preprimosome
引物	引子	primer
RNA 引物	RNA 引子	RNA primer
隐蔽 mRNA	掩蔽 mRNA	masked messenger RNA
DNA 印迹法	南方點墨法，南方墨漬法，DNA 印迹法	Southern blotting
RNA 印迹法	北方點墨法，北方墨漬法，北方印迹術	Northern blotting
荧光分光光度计	螢光分光光度計	spectrofluorometer
荧光激活细胞分选法	螢光活化細胞分離法	fluorescence-activated cell sorting，FACS
荧光抗体技术	螢光抗體技術	fluorescent antibody technique
荧光漂白恢复	螢光漂白恢復	fluorescence photobleaching recovery，FPR
荧光染料	螢光物	fluorescent dye，fluorochrome
荧光素	螢光素	fluorescein
荧光探针	螢光探針	fluorescent probe
荧光显微镜	螢光顯微鏡	fluorescence microscope
荧光原位杂交	螢光原位雜交	fluorescence *in situ* hybridization，FISH
萤虫黄	螢光黃	lucifer yellow
营养核	營養核	vegetative nucleus
影像增强显微术	影像增強顯微術	image enhanced microscopy
应答元件	反應要件	response element
应激活化的蛋白激酶	壓力活化蛋白質激酶	stress-activated protein kinase，SAPK
应力纤维	壓力纖維	stress fiber
永生化(=无限增殖化)		
油质体，造油体	油質體	oleosome，elaioplast
游动孢子	游動孢子，泳動孢子	zoospore，swarming spore
游动接合孢子	游動接合孢子	zygozoospore
游动精子	游動精子	zoosperm，spermatozoid，antherozoid
游离基因(=附加体)		

大　陆　名	台　湾　名	英　文　名
有被小泡	被膜泡囊	coated vesicle
COPⅠ有被小泡	COPⅠ-包被小泡	COPⅠ-coated vesicle
COPⅡ有被小泡	COPⅡ-包被小泡	COPⅡ-coated vesicle
有被小窝	被膜小窝	coated pit
有被液泡	被膜液泡	coated vacuole
有核细胞	有核細胞	karyote
有粒白细胞(=粒细胞)		
有丝分裂	有絲分裂	mitosis
有丝分裂不分离	有絲分裂不分離	mitotic nondisjunction
有丝分裂重组	有絲分裂重組	mitotic recombination
有丝分裂促进因子	有絲分裂促進因子	mitosis promoting factor，MPF
有丝分裂纺锤体	有絲分裂紡錘體	mitotic spindle
有丝分裂检查点复合体	有絲分裂檢查點複合體	mitotic checkpoint complex，MCC
有丝分裂期，M期	有絲分裂期，M期	mitotic phase，M phase
有丝分裂器	有絲分裂器	mitotic apparatus
有丝分裂因子	有絲分裂因子	mitotic factor
有丝分裂指数	有絲分裂指數	mitotic index，MI
有丝分裂中心	有絲分裂中心	mitotic center
有丝分裂周期	有絲分裂週期	mitotic cycle
有丝分裂着丝粒相关驱动蛋白	有絲分裂著絲點相關驅動蛋白	mitotic centromere-associated kinesin，MCAK
有限稀释	限數稀釋法	limiting dilution
有限细胞系	有限細胞系	finite cell line，limited cell line
有星体有丝分裂	有星體有絲分裂	astral mitosis
有性生殖	有性生殖	sexual reproduction
有义链	編碼股，有義股	sense strand
幼胚培养	幼胚培養	culture of larva embryo
幼体孤雌生殖	幼體單性生殖	paedogenetic parthenogenesis
幼体两性生殖	兩性幼體生殖	bisexual paedogenesis
幼体生殖	童體生殖，幼體生殖	pedogenesis
诱导	誘導	induction
诱导多能干细胞	誘導性多[潛]能幹細胞	induced pluripotent stem cell，iPS cell
诱导酶	誘導酵素，可誘導型酵素	inducible enzyme
诱导物	誘導物	inducer
玉米素	玉米素	zeatin

大　陆　名	台　湾　名	英　文　名
预成论(=先成说)		
预决定	前决定	predetermination
预引发复合体	前引複合體	prepriming complex
域	區域，功能域	domain
愈伤葡萄糖，胼胝质	胼胝質	callose
愈伤组织	癒合組織，癒傷組織	callus，calli(复)
愈伤组织培养	癒合組織培養，癒傷組織培養	callus culture
原癌基因	原致癌基因	proto-oncogene
原病毒，前病毒	原病毒，前病毒	provirus
原肠胚	原腸胚	gastrula
原肠胚形成，原肠作用	原腸胚形成	gastrulation
原肠腔	原腸腔	archenteron
原肠作用(=原肠胚形成)		
原初反应	初級反應	primary reaction
原代培养	初代培養	primary culture
原代细胞培养	初代細胞培養	primary cell culture
原顶体	頂體顆粒群，原頂體	acrosomic granule，acroblast
原核	原核	prokaryon
原核生物	原核生物	prokaryote，procaryote
原核细胞	原核細胞	prokaryotic cell，prokaryocyte
原肌球蛋白	原肌凝蛋白，原肌球蛋白	tropomyosin
原肌球蛋白调节蛋白	原肌球調節蛋白	tropomodulin
原基	原基	anlage
原胶原	原膠原[蛋白]	tropocollagen
原淋巴细胞(=淋巴母细胞)		
原生质	原生質	protoplasm
原生质桥	原生質橋	protoplasmic bridge
原生质体	原生質體	protoplast
原生质体培养	原生質體培養	protoplast culture
原生质体融合	原生質體融合	protoplast fusion
原始生殖细胞	原始生殖細胞	primordial germ cell，PGC
原始细胞	古生殖細胞	archeocyte
原丝	原絲	protofilament
原弹性蛋白	原彈性蛋白	protoelastin

大 陆 名	台 湾 名	英 文 名
原条	原條	primitive streak
原位杂交	原位雜交	*in situ* hybridization
原纤维	纖絲	fibril
原中心粒	原中心粒	procentriole
原子力显微镜	原子力顯微鏡	atomic force microscope
圆球体	圓球體	spherosome
猿猴空泡病毒 40，SV40 病毒	猿猴空泡病毒 40	simian vacuolating virus 40，SV40 virus
匀浆器	均質器	homogenizer
允许细胞	允許細胞	permissive cell
运动终板	運動終板	motor end plate
运输蛋白，转运蛋白	運輸蛋白	transport protein
运输小泡	運輸小泡	transport vesicle
运铁蛋白	運鐵蛋白	transferrin
运铁蛋白受体	運鐵蛋白受體	transferrin receptor

Z

大 陆 名	台 湾 名	英 文 名
杂合子	異[基因]型合子，異型接合體	heterozygote
杂交	杂交，雜合	hybridization
杂交瘤细胞系	融合瘤細胞株	hybridoma cell line
杂交细胞	雜交細胞	hybrid cell
杂交细胞系	雜交細胞株	hybrid cell line
载玻片	載玻片	slide
载肌动蛋白，切丝蛋白	載肌動蛋白	actophorin
载体	載體	vector，vehicle
载体蛋白	載體蛋白，攜載蛋白	carrier protein
载网	載網	grid
再次免疫应答	次級免疫反應	secondary immune response
再分化	再分化	redifferentiation
再生	再生	regeneration
再生植株培养	再生植株培養	replant culture
再循环淋巴细胞库	再循環淋巴細胞庫	recirculating lymphocyte pool
再循环内体	再循環內體	recycling endosome
在体(=体内)		
脏壁中胚层	內臟中胚層	splanchnic mesoderm，visceral mesoderm

大　陆　名	台　湾　名	英　文　名
早期内体	早期胞飲小體，早期核内體，内小體	early endosome
早前期带	早前期帶	preprophase band
早熟染色体凝集(=染色体超前凝聚)		
藻胆[蛋白]体	藻膽體	phycobilisome
藻胆[色素]蛋白	藻膽色素蛋白	phycobilin protein
藻褐素，墨角藻黄素，岩藻黄质	岩藻黄素	fucoxanthin
藻红蛋白	藻紅素	phycoerythrin
藻红体	藻紅素體	rhodoplast
藻蓝蛋白	藻藍素	phycocyanin
造粉体	造粉體，澱粉體	amyloplast
造血干细胞	造血幹細胞	hemopoietic stem cell，HSC
造油体(=油质体)		
增强体	增強體	enhancesome
增强子	增強子，強化子	enhancer
增强子单元	增強子單元	enhanson
增强子结合蛋白	增強子結合蛋白	enhancer binding protein
增殖	增生	proliferation
栅栏组织	柵狀組織	palisade tissue
詹纳斯绿	詹斯綠	Janus green
张力蛋白	張力蛋白	tensin
张力丝	張力絲	tonofilament
招募因子	聚集因子	recruitment factor
β[折叠]链	β鏈，β長帶	β-strand，beta-strand
真核	真核	eukaryon
真核生物	真核生物	eukaryote，eucaryote
真核生物起始因子	真核生物起始因子	eukaryotic initiation factor
真核细胞	真核細胞	eukaryotic cell，eukaryocyte
真菌	真菌	fungus，fungi(复)
真细菌	真細菌	eubacterium，true bacterium，simple bacterium
振动切片机	振動切片機	vibratome
整倍体	整倍體	euploid
整倍性	整倍性	euploidy
整合蛋白质	整合蛋白質	integral protein
整联蛋白	整合素	integrin

大 陆 名	台 湾 名	英 文 名
整装制片	整裝製作	whole mount preparation
正端	正端	plus end
支持膜	支持膜	supporting film
支持细胞	支柱細胞	sustentacular cell
支架蛋白质	支架蛋白質	scaffold protein
支原体	菌質體，黴漿菌	mycoplasma
脂单层	脂質單層	lipid leaflet
脂蛋白	脂蛋白	lipoprotein
脂多糖	脂多醣	lipopolysaccharide，LPS
脂筏	脂筏	lipid raft
脂肪细胞	脂肪細胞	adipocyte
脂肪组织	脂肪組織	adipose tissue
脂双层	脂質雙層膜	lipid bilayer
脂质	脂質	lipid
脂质体	微脂體，微脂粒，脂質體	liposome
直接免疫荧光	直接免疫螢光	direct immunofluorescence
C_3植物	三碳植物	C_3 plant
C_4植物	四碳植物	C_4 plant
植物病毒	植物病毒	plant virus
植物光敏素(=光敏色素)		
植物激素	植物激素	plant hormone
植物极	植物極	vegetal pole
植物凝集素	植物血凝素	phytohemagglutinin，PHA
植物细胞工程	植物細胞工程	plant cell engineering
植物组织培养	植物組織培養	plant tissue culture
指导 RNA	導引 RNA	guide RNA，gRNA
DNA 指导的DNA聚合酶	DNA 指導型 DNA 聚合酶	DNA-directed DNA polymerase
DNA 指纹图谱技术	DNA 指紋法	DNA fingerprinting
酯酶	脂水解酶	esterase
质壁分离	胞質離解，質離現象，壁質分離	plasmolysis
质壁分离复原	質壁分離復原	deplasmolysis
质粒	質體	plasmid
质膜	原生質膜，質膜	plasma membrane，plasmalemma
质膜外面	外質膜面	exoplasmic face

大　陆　名	台　湾　名	英　文　名
质配，胞质融合	胞質接合，胞質融合	plasmogamy
质体	色素體	plastid
质体醌	色素體醌	plastoquinone
质体蓝蛋白，质体蓝素	色素體藍素	plastocyanin
质体蓝素(=质体蓝蛋白)		
质体系	細胞質體的總稱	plastidome
质外体	質外體，非原質體	apoplast
质外体运输	質外[體]運輸，非原生質體運輸	apoplastic transport
质子动力	質子動力	proton motive force
致癌病毒	致癌病毒	oncogenic virus
致癌剂	致癌劑，致癌物	carcinogen
致瘤性转化	贅生轉化	neoplastic transformation
致密纤维组分	密度纖維組份	dense fibrillar component，DFC
致敏[作用]	致敏感性	sensitization，priming
致缩因子	致縮因子	contraction producing factor
致育因子	致育因子	fertility factor
稚细胞	處女細胞	naive cell
中部受精	中點受精	mesogamy
中间交叉	間質交叉	interstitial chiasma
中间丝，中间纤维，10nm 丝	中間絲	intermediate filament，IF
中间丝结合蛋白	中間絲伴隨蛋白	intermediate filament associated protein，IFAP
中[间]体	中體	midbody
中间纤维(=中间丝)		
中空纤维培养	中空纖維培養	hollow fiber culture
中空纤维培养系统	中空纖維培養系統	hollow fiber culture system
中膜体(=间体)		
中胚层	中胚層	mesoderm
中期	中期	metaphase
中期停顿	中期停滯，中期受阻	metaphase arrest
中心法则	中心法則，中心教條	central dogma
中心粒	中心粒	centriole
中心粒团	中心體，動核	microcentrum
中心粒周蛋白	中心粒周蛋白	pericentrin
中心粒周区	中心粒周區	pericentriolar region，PCR

大　陆　名	台　湾　名	英　文　名
中心粒周物质	中心粒周物質	pericentriolar material，PCM
中心球	中心球	centrosphere
中心体	中心體	centrosome
中心体肌动蛋白	中心體肌動蛋白	centractin
中心体基质	中心體基質	centrosome matrix
中心体连丝	中心體連絲	centrodesm，centrodesmus，centrodesmose
中心体周期	中心體週期	centrosome cycle
中心域	中心域	central domain
中心质	中心質	centroplasm
中心质体	中心質體	centroplast
中性红	中性紅	neutral red
中性粒细胞	嗜中性白血球，嗜中性球	neutrophil
中央纺锤体	中心紡錘體	central spindle
中央栓	中央栓	central plug
中央细胞	中央細胞	central cell
中央液泡	中央液泡	central vacuole
中着丝粒染色体	等臂染色體	metacentric chromosome
终变期	[減數分裂]趨動期，聯會期	diakinesis
终止密码子	終止密碼子	termination codon
终止子	終止子	terminator
肿瘤	腫瘤	tumor
肿瘤病毒	腫瘤病毒	tumor virus
DNA 肿瘤病毒	DAN 腫瘤病毒	DNA tumor virus
RNA 肿瘤病毒	RNA 腫瘤病毒	RNA tumor virus
肿瘤坏死因子	腫瘤壞死因子	tumor necrosis factor，TNF
肿瘤坏死因子受体超家族	腫瘤壞死因子受體超家族	tumor necrosis factor receptor superfamily
肿瘤血管生成因子	腫瘤血管新生因子	tumor angiogenesis factor
肿瘤抑制基因	腫瘤抑制基因，致瘤基因，抑瘤基因	tumor suppressor gene
种系，生殖细胞谱系	生殖細胞系，種系	germ line
种质	種質	germ plasm
种质学说	種質學說	germ plasm theory
重酶解肌球蛋白	重酶解肌球蛋白	heavy meromyosin，HMM
周期蛋白框	週轉蛋白框	cyclin box
周期蛋白依赖性激酶	週轉蛋白依賴激酶	cyclin-dependent kinase，CDK，Cdk

大　陆　名	台　湾　名	英　文　名
周期蛋白依赖性激酶激活激酶	週轉蛋白依賴激酶活化激酶	cyclin-dependent-kinase activating kinase, CAK
周期蛋白依赖性激酶抑制因子	週轉蛋白依賴激酶抑制劑	cyclin-dependent-kinase inhibitor, CKI
周质	周質	periplasm
周质间隙	周質間隙	periplasmic space
周质体	周質體	periplast
轴丝	軸絲	axial filament, axoneme
轴丝动力蛋白	軸絲動力蛋白	axoneme dynein
轴突	軸突，軸線圓柱	axon, axis cylinder
轴突运输	軸突運輸	axonal transport
轴质	軸質，軸突原生質，軸漿	axoplasm
轴足	軸偽足	axopodium
珠光壁	珠光壁	nacreous wall
珠孔	珠孔	micropyle
珠孔受精	珠孔受精	porogamy
潴泡，扁囊	扁囊，内腔	cistern, cisterna
主动免疫	主動免疫	active immunity
主动运输，主动转运	主動運輸	active transport
主动转运(=主动运输)		
主要组织相容性复合体	主要組織相容性複合體	major histocompatibility complex, MHC
主要组织相容性复合体蛋白质	MHC 蛋白	MHC protein
主要组织相容性复合体抗原，MHC 抗原	主要組織相容性複合體抗原，MHC 抗原	major histocompatibility complex antigen, MHC antigen
主要组织相容性复合体联合识别，MHC 联合识别	主要組織相容性複合體聯合辨識，MHC 聯合辨識	MHC associative recognition
主要组织相容性复合体限制性，MHC 限制性	主要組織相容性複合體限制	MHC restriction
主缢痕	主縊痕，初級隘縮	primary constriction
助细胞	伴細胞，助細胞	synergid cell, synergid
驻留信号	保留訊號，駐留訊號	retention signal
柱层析	管柱層析	column chromatography
柱状上皮细胞	柱狀上皮細胞	columnar epithelial cell

大　陆　名	台　湾　名	英　文　名
柱状亚单位	柱狀亞單位	column subunit
铸型技术(=投影术)		
专[性]孤雌生殖	絕對單性生殖	obligatory parthenogenesis
专一性转录因子(=特异性转录因子)		
转导	轉導	transduction
转分化	轉分化	transdifferentiation
转化	轉形[作用]	transformation
转化病毒	轉形病毒	transforming virus
转化基因	轉形基因	transforming gene
转化率	轉形效率	transformation efficiency
转化生长因子	轉形生長因子	transforming growth factor，TGF
转化生长因子-α	轉形生長因子-α	transforming growth factor-α，TGF-α
转化生长因子-β	轉形生長因子-β	transforming growth factor-β，TGF-β
转化体	轉形株	transformant
转化细胞	轉形細胞	transformed cell
转化灶	轉形焦點	transforming focus
转基因	基因轉殖，基因轉移	transgene
转基因动物	基因轉殖動物	transgenic animal
转基因植物	基因轉殖植物	transgenic plant
β转角	β轉角	β-turn，β-bend，reverse turn
转决定	轉決	transdetermination
转录	轉錄	transcription
转录单位	轉錄單位	transcription unit
转录辅阻遏物	轉錄輔抑制物	transcriptional corepressor
转录后加工	轉錄後加工	post-transcriptional processing
转录后修饰	轉錄後修飾	post-transcriptional modification
转录酶	轉錄酶	transcriptase
转录末端序列	轉錄末端序列	transcriptional terminal sequence
转录起始	轉錄起始	transcription initiation
转录起始复合体	轉錄起始複合體	transcription initiation complex
转录水平调控	轉錄層級調控	transcriptional-level control
转录物	轉錄物，轉錄本	transcript
转录物组	轉錄體[學]	transcriptome
转录因子	轉錄因子	transcription factor，TF
CCAAT转录因子	CCAAT轉錄因子	CCAAT transcription factor，CTF
转染	轉染	transfection

大　陆　名	台　湾　名	英　文　名
转染率	轉染率	transfection efficiency
转移 RNA	轉移 RNA，轉送 RNA	transfer RNA，tRNA
转运蛋白(=运输蛋白)		
转运肽	轉運肽	transit peptide，transit sequence
转运体，易位子，易位蛋白质	移位子，轉位子	translocon，translocator
转座子	轉位子，轉座子	transposon
桩蛋白	樁蛋白	paxillin
锥虫蓝，台盼蓝	錐蟲藍，台酚藍	trypan blue
赘生物	贅生物，贅瘤	neoplasm
着丝粒	著絲粒，中節	centromere
着丝粒板	著絲粒板	centromere plate
着丝粒错分	著絲粒錯分	centromere misdivision
着丝粒-动粒复合体	著絲粒-著絲點複合體	centromere-kinetochore complex
着丝粒分离(=着丝粒分裂)		
着丝粒分裂，着丝粒分离	著絲點分離	centric split
着丝粒交换	著絲粒交換	centromeric exchange，CME
着丝粒融合	著絲點併合	centric fusion
着丝粒 DNA 序列	著絲粒 DNA 序列	centromere DNA sequence
滋养层	滋養層，滋胚層	trophoblast
滋养核	滋養核	trophonucleus
滋养外胚层	滋養外胚層	trophectoderm
子房培养	子房培養	ovary culture
子染色体	子染色體	daughter chromosome
姊妹染色单体(=姐妹染色单体)		
紫杉醇	紫杉醇	taxol
紫外光显微镜	紫外光顯微鏡	ultraviolet microscope
自催化剪接	自動催化剪接	autocatalytic splicing
自分泌	自體分泌	autocrine
自分泌生长因子	自體分泌生長因子	autocrine growth factor
自复制	自我複製	self-replicating
自花传粉(=自体受粉)		
自剪接	自我剪接	self-splicing
自然单性生殖(=自然孤雌生殖)		

大　陆　名	台　湾　名	英　文　名
自然发生说，无生源说	無生源說，天然發生說，自然發生說，自生論	abiogenesis，spontaneous generation
自然孤雌生殖，自然单性生殖	天然單性生殖	natural parthenogenesis
自然杀伤细胞，NK 细胞，天然杀伤细胞	自然殺手細胞	natural killer cell，NK cell
自溶	自溶，自解[作用]	autolysis
自身抗体	自體抗體	autoantibody
自身免疫	自體免疫	autoimmunity
自噬溶酶体	自噬溶酶體	autophagolysosome
自私基因(=自在基因)		
自体受粉，自花传粉	自體受粉，自花授粉	self-pollination
自体受精	自體受精，自交	autogamy，idiogamy
自[体吞]噬	自體吞噬，自噬[作用]	autophagy
自[体吞]噬泡	吞噬的空液胞	autophagic vacuole
自[体吞]噬体	自噬小體	autophagosome
自由基	自由基	free radical
自由扩散	自由擴散	free diffusion
自由能	自由能	free energy
自在基因，自私基因	自私基因	selfish gene
自主复制序列	自主複製序列	autonomously replicating sequence，ARS
自组装	自組裝	self-assembly
DNA 足迹法	DAN 足跡法	DNA footprinting
RNA 足迹法	RNA 足跡法	RNA footprinting
足体	足體	podosoma，podosome
阻遏酶	阻遏酵素，可誘導型酵素	repressible enzyme
阻遏物	阻遏物	repressor
阻遏型操纵子	可抑制型操縱子	repressible operon
组胺	組織胺	histamine
组成酶，恒定[表达]酶	構成酵素	constitutive enzyme
组成性剪接，恒定性剪接	組成型剪接，恆定型剪接	constitutive splicing
组成性启动子，恒定性启动子	組成型啟動子	constitutive promoter
组成性异染色质，恒定性异染色质	組成型異染色質	constitutive heterochromatin

大　陆　名	台　湾　名	英　文　名
组蛋白	組[織]蛋白	histone
组蛋白八聚体	組織蛋白八聚體	histone octamer
组蛋白脱乙酰酶	組織蛋白去乙醯基酶	histone deacetylase
组蛋白乙酰转移酶	組織蛋白乙醯基轉移酶	histone acetyltransferase，HAT
组合调控	組合調控	combinatory control
组织发生	組織形成	histogenesis
组织金属蛋白酶抑制物	組織金屬蛋白酶抑制蛋白	tissue inhibitor of metalloproteinase，TIMP
组织培养	組織培養	tissue culture
组织特异性基因	組織專一性基因	tissue-specific gene
组织特异性启动子	組織專一性啟動子	tissue-specific promoter
组织相容性	組織相容性	histocompatibility
HLA 组织相容性系统（=人[类]白细胞抗原组织相容性系统）		
组织型培养	組織型培養	histotypic culture
组织转化，化生	轉變，化生	metaplasia
祖细胞，前体细胞	前驅細胞	progenitor cell
佐剂	佐劑	adjuvant
作用光谱	作用光譜	action spectrum

副 篇

A

英　文　名	大　陆　名	台　湾　名
A（=adenosine）	腺苷	腺苷，腺嘌呤核苷
Ab（=antibody）	抗体	抗體
A band	暗带，A 带	暗帶，A 帶
aberrant splicing	异常剪接	異常剪接
abiogenesis	自然发生说，无生源说	無生源說，天然發生說，自然發生說，自生論
abortive egg	败育卵	廢卵
abscisic acid	脱落酸	離層酸，離層素，冬眠素
absorption coefficient	吸收系数	吸收係數
absorption spectrum	吸收光谱	吸收光譜
acanthocyte	棘胞	棘[細]胞
accessory cell	[辅]佐细胞	輔助細胞，副衛細胞
accessory chromosome	副染色体	副染色體
acetylcholine（ACh）	乙酰胆碱	乙醯膽鹼
acetylcholine esterase	乙酰胆碱酯酶	乙醯膽鹼酯酶
acetylcholine receptor	乙酰胆碱受体	乙醯膽鹼受體
acetyl CoA（=acetyl coenzyme A）	乙酰辅酶 A	乙醯輔酶 A
acetyl coenzyme A（acetyl CoA）	乙酰辅酶 A	乙醯輔酶 A
N-acetylglucosamine（NAG）	*N*-乙酰葡糖胺	*N*-乙醯葡萄糖胺
N-acetylmuramic acid（NAM）	*N*-乙酰胞壁酸	*N*-乙醯[胞]壁酸
N-acetylneuraminic acid（NANA）	*N*-乙酰神经氨酸	*N*-乙醯神經胺酸，唾液酸
ACh（=acetylcholine）	乙酰胆碱	乙醯膽鹼
achromatin	非染色质	非染色質
A chromosome	A 染色体	A 染色體
acid fuchsin	酸性品红	酸性品紅，酸性復紅
acid hydrolase	酸性水解酶	酸水解酶，酸水解酵素

英　文　名	大　陆　名	台　湾　名
acidophilia	嗜酸性	嗜酸性
acidophilic cell	嗜酸性细胞	嗜酸性細胞
acid phosphatase	酸性磷酸酶	酸性磷酸酶
acid protease	酸性蛋白酶	酸蛋白酶
acid secreting cell	泌酸细胞	酸分泌細胞
acquired immunity	获得性免疫	後天性免疫
acridine orange	吖啶橙	吖啶橙
acridine yellow	吖啶黄	吖啶黃
acroblast (=acrosomic granule)	原顶体	頂體顆粒群，原頂體
acrocentric chromosome	近端着丝粒染色体	近端中節染色體，著絲點在頂端的染色體
acron	顶节	頂節
acrosin	顶体蛋白	頂體蛋白，頂體素
acrosomal process	顶体突	頂體突
acrosomal reaction	顶体反应	頂體反應
acrosomal vacuole (=acrosomal vesicle)	顶体泡	頂體泡
acrosomal vesicle	顶体泡	頂體泡
acrosome	顶体	頂體
acrosomic granule	原顶体	頂體顆粒群，原頂體
across membrane transport (=transmembrane transport)	穿膜运输，穿膜转运	跨膜運輸
acrosyndesis	端部联会	端部聯會
actin	肌动蛋白	肌動蛋白
actin-binding protein	肌动蛋白结合蛋白	肌動蛋白結合蛋白
actin-depolymerizing factor (ADF)	肌动蛋白解聚因子	肌動蛋白去聚合因子，肌動蛋白脫聚合因子
actin-depolymerizing protein (=depactin)	[肌动蛋白]解聚蛋白	去聚合蛋白
actin filament	肌动蛋白丝	肌動蛋白纖維
actin filament depolymerizing protein	肌动蛋白丝解聚蛋白	肌動蛋白纖維去聚合蛋白
actin fragmenting protein	肌动蛋白断裂蛋白	肌動蛋白裂解蛋白
actinin	辅肌动蛋白	輔肌動蛋白
actinomycin D	放线菌素 D	放線菌素 D，放射菌素 D，輻射狀菌素 D
actin-related protein (ARP)	肌动蛋白相关蛋白	肌動蛋白相關蛋白
action potential	动作电位	動作電位
action spectrum	作用光谱	作用光譜

英　文　名	大　陆　名	台　湾　名
activated macrophage	活化巨噬细胞	活化巨噬細胞
activation	激活，活化	活化
active immunity	主动免疫	主動免疫
active site	活性部位	活性部位
active transport	主动运输，主动转运	主動運輸
activin	激活蛋白，激活素，活化素	活化素
actomere	肌动蛋白粒	肌動蛋白粒
actomyosin	肌动球蛋白	肌動凝蛋白，肌纖凝蛋白
actophorin	载肌动蛋白，切丝蛋白	載肌動蛋白
ADA（=adenosine deaminase）	腺苷脱氨酶	腺［核］苷去胺酶
adaptin	衔接蛋白	銜接蛋白
adaptive immunity	适应性免疫	適應性免疫，後天性免疫
adaptor protein	衔接体蛋白质	接附蛋白，接引器蛋白
ADCC（=antibody-dependent cell-mediated cytotoxicity）	依赖抗体的细胞毒性，抗体依赖性细胞介导的细胞毒作用	抗體依賴性毒殺細胞反應
adducin	内收蛋白，聚拢蛋白	內收蛋白
adenine nucleotide translocator（ANT）	腺嘌呤核苷酸转运体	腺嘌呤核苷酸轉位蛋白
adenomatous polyposis coli（APC）	腺瘤性结肠息肉	大腸腺瘤息肉，腺瘤性結腸息肉
adenosine（A）	腺苷	腺苷，腺嘌呤核苷
adenosine deaminase（ADA）	腺苷脱氨酶	腺［核］苷去胺酶
adenosine diphosphate（ADP）	腺苷二磷酸，腺二磷	雙磷酸腺苷，腺苷二磷酸，二磷酸腺嘌呤
adenosine monophosphate（AMP）	腺苷一磷酸，腺一磷	腺苷單磷酸，單磷酸腺苷，單磷酸腺嘌呤
adenosine triphosphatase（ATPase）	腺苷三磷酸酶，ATP 酶	腺苷三磷酸酶
adenosine triphosphate（ATP）	腺苷三磷酸，腺三磷	腺苷三磷酸，三磷酸腺苷
adenovirus	腺病毒	腺病毒
adenylate cyclase	腺苷酸环化酶	腺苷酸環化酶
adenylyl cyclase（=adenylate cyclase）	腺苷酸环化酶	腺苷酸環化酶
adepithelial cell	近上皮细胞	變表皮細胞，轉化上皮細胞

英　文　名	大　陆　名	台　湾　名
ADF（=actin-depolymerizing factor）	肌动蛋白解聚因子	肌動蛋白去聚合因子，肌動蛋白脫聚合因子
adherens junction（=adhering junction）	黏着连接	黏著連接，黏著接合
adherent culture（=attachment culture）	贴壁培养	貼壁式細胞培養
adhering junction	黏着连接	黏著連接，黏著接合
adhesion belt	黏着带	附著帶，黏著帶
adhesion factor	黏着因子	黏著因子
adhesion protein	黏着蛋白质	附著蛋白
adhesion receptor	黏附受体	黏著受體
adipocyte	脂肪细胞	脂肪細胞
adipose tissue	脂肪组织	脂肪組織
adjuvant	佐剂	佐劑
adoptive immunity	过继免疫	過繼性免疫，繼承性免疫
ADP（=adenosine diphosphate）	腺苷二磷酸，腺二磷	雙磷酸腺苷，腺苷二磷酸，二磷酸腺嘌呤
ADP-ribosylation factor（ARF）	ADP-核糖基化因子	腺苷二磷酸核醣化因子
adrenaline	肾上腺素	腎上腺素
adrenoceptor（=adrenoreceptor）	肾上腺素受体	腎上腺素受體
adrenodoxin	肾上腺皮质铁氧还蛋白	[腎上腺]皮質鐵氧化還原蛋白
adrenomedullin	肾上腺髓质蛋白	腎上腺髓質蛋白
adrenoreceptor	肾上腺素受体	腎上腺素受體
adseverin	微丝切割蛋白	微絲切割蛋白
adult stem cell	成体干细胞	成體幹細胞
affinity	亲和性	親和性，親和力
affinity chromatography	亲和层析	親和[性]層析法，親和力層析法
affinity labeling	亲和标记	親和標記
affinity maturation	亲和力成熟	親和力成熟
A-form DNA	A 型 DNA	A 型 DNA
Ag（=antigen）	抗原	抗原
agar	琼脂	瓊脂，洋菜
agar-island culture system	琼脂小岛器官培养系统	瓊脂小島培養系統
agarose	琼脂糖	瓊脂糖
agarose gel	琼脂糖凝胶	瓊脂[糖]凝膠

英　文　名	大　陆　名	台　湾　名
agarose gel electrophoresis	琼脂糖凝胶电泳	瓊脂[糖]凝膠電泳
agglutination	凝集[反应]	凝集作用
agglutinin（=lectin）	凝集素	凝集素，凝結素，血凝素
agglutinogen	凝集原	凝集原
aginactin	抑微丝蛋白	抑微絲蛋白
AIF（=apoptosis-inducing factor）	凋亡诱导因子	凋亡誘導因子
airlift culture	气体驱动培养	氣升式培養
airlift fermentor	气升式发酵罐	氣升式發酵罐，氣升式發酵器，氣升式發酵槽
akaryote	无核细胞	無核細胞
A kinase	A 激酶	蛋白激酶 A
akinetic chromosome	无着丝粒染色体	無著絲點染色體，無著絲粒染色體
akinetic inversion	无着丝粒倒位	無著絲點倒位
aleurone grain	糊粉粒	糊粉粒
alkaloid	生物碱	生物鹼
alloheteroploid	异源异倍体	異源異倍體
alloheteroploidy	异源异倍性	異源異倍性
allophycocyanin（APC）	别藻蓝蛋白，异藻蓝蛋白	異藻藍蛋白
allopolyploid	异源多倍体	異源多倍體
allopolyploidy	异源多倍性	異源多倍性
allosome（=heterochromosome）	异染色体	異染色體
allosyndesis	异源联会	異源聯會
allotetraploid	异源四倍体	異源四倍體
allotype	同种异型	同種異型性
alternation of generations	世代交替	世代交替
alternative complement pathway	补体旁路	替代互補途徑
alternative splicing	可变剪接，选择性剪接	選擇式剪接
Alu family	*Alu* 家族	*Alu* 家族
alveolus	吸泡	肺泡
amethopterin	氨甲蝶呤	胺甲蝶呤
amino acid	氨基酸	胺基酸
amino acid permease	氨基酸通透酶	胺基酸通透酶
aminoacyl site（A site）	氨酰位，A 位	胺醯位，A 位
aminoacyl tRNA	氨酰 tRNA	胺醯 tRNA

英　文　名	大　陆　名	台　湾　名
aminoacyl tRNA ligase	氨酰 tRNA 连接酶	胺醯 tRNA 連接酶
aminoacyl tRNA synthetase	氨酰 tRNA 合成酶	胺醯 tRNA 合成酶
aminopterin	氨基蝶呤	胺基蝶呤
amitosis	无丝分裂	無絲分裂，直接分裂
amixis	无融合	無融合
amoeboid locomotion（=amoeboid movement）	变形运动	變形蟲運動，變形運動
amoeboid movement	变形运动	變形蟲運動，變形運動
AMP（=adenosine monophosphate）	腺苷一磷酸，腺一磷	腺苷單磷酸，單磷酸腺苷，單磷酸腺嘌呤
amphiastral mitosis	双星体有丝分裂	雙星有絲分裂
amphidiploid	双二倍体	雙二倍體
amphidiploidy	双二倍性	雙二倍性
amphimixis	两性融合	兩性融合
amphipathy（=amphiphilicity）	两亲性	兩親性
amphiphilicity	两亲性	兩親性
ampicillin	氨苄青霉素	氨苄青黴素
amplicon	扩增子	擴增子，複製子
amyloplast	造粉体	造粉體，澱粉體
analytical cytology	分析细胞学	分析細胞學
analytic electron microscope	分析电子显微镜	分析電子顯微鏡
anaphase	后期	後期
anaphase A	后期 A	後期 A
anaphase B	后期 B	後期 B
anaphase-promoting complex（APC）	后期促进复合物	後期促進複合體
anastral mitosis	无星体有丝分裂	無星有絲分裂
anchorage dependence	贴壁依赖性	依賴固著性
anchorage-dependent cell	贴壁依赖性细胞，依赖贴壁细胞	依賴貼附細胞
anchorage-dependent growth	贴壁依赖性生长	依賴固著生長
anchorage-independent cell	非贴壁依赖性细胞，不依赖贴壁细胞	不依賴貼附細胞
anchorage-independent growth	非贴壁依赖性生长	不依賴固著生長
anchoring factor	贴壁因子，锚着因子	固著因子
anchoring junction	锚定连接	錨定連結
ancillary transcription factor	辅助转录因子	輔助轉錄因子
androcyte	雄细胞	雄細胞
androgamete	雄配子	雄配子

英　文　名	大　陆　名	台　湾　名
androgenesis	孤雄生殖, 孤雄发育, 雄核发育	單雄生殖, 雄核發育
androgonium	雄原细胞	雄原細胞
andromerogony	雄核卵块发育	卵片發育
androplasm	雄质	雄質
androspore	产雄孢子	雄孢子
aneuploid	非整倍体	非整倍體
aneuploid cell line	非整倍体细胞系	非整倍體細胞株
aneuploidy	非整倍性	非整倍性
angiopoietin	血管生成素, 血管生长素	血管生成素, 血管生長素
angiostatin	血管抑[制]素	血管抑制素
angiotensin	血管紧张肽, 血管紧张素	血管收縮素
angiotensin II	血管紧张肽 II	第二型血管收縮素
angiotensinogen	血管紧张肽原	血管收縮素原
aniline blue	苯胺蓝	苯胺藍
animal cell engineering	动物细胞工程	動物細胞工程
animal pole	动物极	動物極
animal virus	动物病毒	動物病毒
anisogamete (=heterogamete)	异形配子	異型配子
anisogamy	异配生殖	異配生殖, 異配結合
anisospore (=heterospore)	异形孢子	異型孢子
ankyrin	锚蛋白	錨蛋白, 連結蛋白
anlage	原基	原基
annular subunit	环状亚单位	環狀次單元
annulate lamella	环孔片层	環狀層片
ANT (=adenine nucleotide translocator)	腺嘌呤核苷酸转运体	腺嘌呤核苷酸轉位蛋白
antennapedia complex	触角足复合物	觸角足複合體
anther culture	花药培养	花藥培養
antheridium	精子器	藏精器
antherozoid (=zoosperm)	游动精子	游動精子
anti-antibody	抗抗体	抗抗體
anti-apoptotic protein	抗凋亡蛋白	抑凋亡蛋白
antibody (Ab)	抗体	抗體
antibody chip	抗体芯片	抗體晶片
antibody-dependent cell-mediated cytotoxicity (ADCC)	依赖抗体的细胞毒性, 抗体依赖性细胞介	抗體依賴性毒殺細胞反應

英　文　名	大　陆　名	台　湾　名
	导的细胞毒作用	
antibody-dependent phagocytosis	依赖抗体的吞噬作用	抗體依賴性吞噬作用
anticodon	反密码子	反密碼子
antigen（Ag）	抗原	抗原
antigen-binding site	抗原结合部位	抗原結合位
antigen cross-linking	抗原交联	抗原交聯
antigenic determinant	抗原决定簇	抗原決定基，抗原決定區，表位
antigen presenting	抗原提呈	抗原呈現
antigen-presenting cell（APC）	抗原提呈细胞，抗原呈递细胞，呈递抗原细胞	抗原呈現細胞
antigen processing	抗原加工	抗原處理
antigen receptor	抗原受体	抗原受體
antiidiotypic antibody	抗独特型抗体	抗個體基因型抗體
antioncogene	抗癌基因，抑癌基因	抗癌基因
antipodal cell	反足细胞	反足細胞
antiport	对向运输，反向转运	反向輸運
antiporter	反向转运体	反向轉運體
antisense DNA	反义 DNA	反義 DNA
antisense RNA	反义 RNA	反義 RNA
antisense strand	反义链	模版股，反義股
antiserum	抗血清	抗血清
antitoxic serum	抗毒素血清	抗毒素血清
antitoxin	抗毒素	抗毒素
Apaf1（=apoptosis protease-activating factor-1）	凋亡蛋白酶激活因子 1	凋亡蛋白酶激活化因子-1
APC（=①anaphase-promoting complex ②allophycocyanin ③adenomatous polyposis coli ④antigen-presenting cell）	①后期促进复合物 ②别藻蓝蛋白，异藻蓝蛋白 ③腺瘤性结肠息肉 ④抗原提呈细胞，抗原呈递细胞，呈递抗原细胞	①後期促進複合體 ②異藻藍蛋白 ③大肠腺瘤息肉，腺瘤性結肠息肉 ④抗原呈現細胞
aperture	萌发孔	孔口，氣孔開口
apical cell	顶端细胞	頂端細胞
aplanogamete	不动配子	靜配子
aplanospore	不动孢子	靜孢子
APOCB（=Asian-Pacific Organization for	亚洲及太平洋地区细	亞洲及太平洋地區細

英 文 名	大 陆 名	台 湾 名
Cell Biology）	胞生物学会联合会	胞生物學會聯合會
apocrine	顶质分泌，顶浆分泌，顶泌	頂泌
apogamogony	无融合结实	無融合結實
apogamy	无配子生殖	無配子生殖
apomict	无融合生殖体	不經授精形成的植物
apomixis	无融合生殖	不受精生殖
apoplast	质外体	質外體，非原質體
apoplastic transport	质外体运输	質外[體]運輸，非原生質體運輸
apoptosis	细胞凋亡	細胞凋亡
apoptosis-inducing factor（AIF）	凋亡诱导因子	凋亡誘導因子
apoptosis protease-activating factor-1（Apaf1）	凋亡蛋白酶激活因子 1	凋亡蛋白酶激活化因子-1
apoptosis signal regulating kinase-1（Ask1）	凋亡信号调节激酶 1	細胞凋亡訊號調控激酶-1
apoptosome	凋亡体	凋亡體
apoptotic body	凋亡小体	[細胞]凋亡小體
apospory	无孢子生殖	無孢子形成
apyrene sperm	无核精子	無核精子
AQP（=aquaporin）	水孔蛋白，水通道蛋白	水孔蛋白，水通道蛋白
aquaporin（AQP）	水孔蛋白，水通道蛋白	水孔蛋白，水通道蛋白
araban	阿拉伯聚糖	阿拉伯聚醣
arabinogalactan	阿拉伯半乳聚糖	阿拉伯半乳聚醣
archaea	古核生物	古細菌
archaebacteria	古细菌	古細菌
archegonium	颈卵器	藏卵器
archenteron	原肠腔	原腸腔
archeocyte	原始细胞	古生殖細胞
archesporium（=sporogonium）	孢原细胞	孢子囊體，胞子器
architectural factor	构件因子	結構因子
ARF（=ADP-ribosylation factor）	ADP-核糖基化因子	腺苷二磷酸核醣化因子
arm ratio	臂比	臂比例
ARP（=actin-related protein）	肌动蛋白相关蛋白	肌動蛋白相關蛋白
arrhenokaryon	雄核	雄核
arrhenoplasm（=androplasm）	雄质	雄質
arrhenotoky	产雄孤雌生殖	產雄性孤雌生殖
ARS（=autonomously replicating sequence）	自主复制序列	自主複製序列

英 文 名	大 陆 名	台 湾 名
artificial active immunization	人工主动免疫	人工主動免疫
artificial enzyme	人工酶，人造酶	人造酵素
artificial minichromosome	人工微型染色体	人工微小染色體
artificial parthenogenesis	人工孤雌生殖，人工单性生殖	人工孤雌生殖
artificial passive immunization	人工被动免疫	人工被動免疫
asexual reproduction	无性生殖	無性生殖
asexual spore	无性孢子	無性孢子
Asian-Pacific Organization for Cell Biology（APOCB）	亚洲及太平洋地区细胞生物学会联合会	亞洲及太平洋地區細胞生物學會聯合會
A site（=aminoacyl site）	氨酰位，A 位	胺醯位，A 位
Ask1（=apoptosis signal regulating kinase-1）	凋亡信号调节激酶 1	細胞凋亡訊號調控激酶-1
aster	星体	星狀體
astral fiber（=astral ray）	星射线	星體絲
astral microtubule	星体微管	星體微管
astral mitosis	有星体有丝分裂	有星體有絲分裂
astral ray	星射线	星體絲
astroblast	成星形胶质细胞	成星體細胞
astrocenter	星心体	星心體
astrocyte	星形胶质细胞	星狀細胞
astrosphere	星体球	星體球
ASV（=avian sarcoma virus）	劳斯肉瘤病毒	勞斯肉瘤病毒
asymmetrical division	不对称分裂	不對稱分裂
asynapsis	不联会	[染色體的]不聯會，不配對
atelocentric chromosome	非端着丝粒染色体	非末端著絲點染色體，非末端中節染色體
atenna complex	大线复合物	天線複合體
atomic force microscope	原子力显微镜	原子力顯微鏡
ATP（=adenosine triphosphate）	腺苷三磷酸，腺三磷	腺苷三磷酸，三磷酸腺苷
ATPase（=adenosine triphosphatase）	腺苷三磷酸酶，ATP 酶	腺苷三磷酸酶
ATP synthase	ATP 合酶	ATP 合成酶
attachment culture	贴壁培养	貼壁式細胞培養
attachment plaque	附着斑	附著斑
Aurora A	极光激酶 A	極光激酶 A
Aurora B	极光激酶 B	極光激酶 B

英　文　名	大　陆　名	台　湾　名
autoantibody	自身抗体	自體抗體
autocatalytic splicing	自催化剪接	自動催化剪接
autoclave	高压灭菌器	高溫高壓滅菌器
autocrine	自分泌	自體分泌
autocrine growth factor	自分泌生长因子	自體分泌生長因子
autogamy	自体受精	自體受精，自交
autoheteroploid	同源异倍体	同源異倍體
autoheteroploidy	同源异倍性	同源異倍性
autoimmunity	自身免疫	自體免疫
autolysis	自溶	自溶，自解[作用]
autonomously replicating sequence（ARS）	自主复制序列	自主複製序列
autophagic vacuole	自[体吞]噬泡	吞噬的空液胞
autophagolysosome	自噬溶酶体	自噬溶酶體
autophagosome	自[体吞]噬体	自噬小體
autophagy	自[体吞]噬	自體吞噬，自噬[作用]
autopolyploid	同源多倍体	同源多倍體
autopolyploidy	同源多倍性	同源多倍性
autoradiography	放射自显影[术]	放射自顯影術
autosome	常染色体	常染色體，體染色體
autosynapsis	同源联会	同源聯會
autotetraploid	同源四倍体	同源四倍體
autotetraploidy	同源四倍性	同源四倍性
avian sarcoma virus（ASV）（=Rous sarcoma virus）	劳斯肉瘤病毒	勞斯肉瘤病毒
avidin	抗生物素蛋白，亲和素	抗生物素蛋白，卵白素
avidin-biotin staining	抗生物素蛋白-生物素染色	卵白素-生物素染色
axial filament	轴丝	軸絲
axis cylinder（=axon）	轴突	軸突，軸線圓柱
axon	轴突	軸突，軸線圓柱
axonal transport	轴突运输	軸突運輸
axoneme（=axial filament）	轴丝	軸絲
axoneme dynein	轴丝动力蛋白	軸絲動力蛋白
axoplasm	轴质	軸質，軸突原生質，軸漿
axopodium	轴足	軸偽足
azo-dye method	偶氮染色法	偶氮染料染色法
azure B	天青 B	天藍 B

英　文　名	大　陆　名	台　湾　名
azygospore	无性接合孢子，拟接合孢子	單性接合孢子，擬接合孢子

B

英　文　名	大　陆　名	台　湾　名
BAC(=bacterial artificial chromosome)	细菌人工染色体	細菌人工染色體
bacteria(复)(=bacterium)	细菌	細菌
bacterial artificial chromosome(BAC)	细菌人工染色体	細菌人工染色體
bacteriophage	噬菌体	噬菌體
λ bacteriophage(=lambda bacteriophage)	λ 噬菌体	λ 噬菌體
bacteriorhodopsin	菌紫红质	細菌視紫質
bacterium	细菌	細菌
bacteroid	类菌体	類細菌
baculovirus	杆状病毒	桿狀病毒
Balbiani chromosome	巴尔比亚尼染色体	巴比阿尼型染色體
Balbiani ring	巴尔比亚尼环	[唾腺染色體的]巴比阿尼環
band 3 protein	带 3 蛋白	帶 III 蛋白質
Barr body	巴氏小体	巴爾[氏]體，巴氏體，巴氏小體
basal body	基体	基體，基粒
basal cell	基细胞	基細胞
basal granule(=basal body)	基体	基體，基粒
basal lamina(=basement membrane)	基[底]膜	基板
basal plate	基片	基板
basement membrane	基[底]膜	基底膜
base-specific cleavage method	碱基特异性裂解法	鹼基特異性裂解法
basic fuchsin	碱性品红	鹼性品紅，鹼性復紅
basophil	嗜碱性粒细胞	嗜鹼性球，嗜鹼性白血球
basophilia	嗜碱性	嗜鹼性
batch culture	分批培养	批次培養
bcd gene(=bicoid gene)	bicoid 基因	bicoid 基因
B cell(=B lymphocyte)	B[淋巴]细胞	B[淋巴]細胞，B 淋巴球
B cell epitope	B 细胞表位	B 細胞表位，B 細胞抗原決定位
B cell hybridoma	B 细胞杂交瘤	B 細胞融合瘤

英　文　名	大　陆　名	台　湾　名
B cell receptor	B 细胞受体	B 細胞受體
B chromosome	B 染色体	B 染色體
Bcl-2 gene	Bcl-2 基因	Bc1-2 基因
BDGF (=brain-derived growth factor)	脑源性生长因子	腦源性生長因子
BDNF (=brain-derived neurotrophic factor)	脑源性神经营养因子	腦源性神經營養因子
beaded-chain filament (=beaded filament)	[念]珠状纤丝	珠狀纖維絲
beaded filament	[念]珠状纤丝	珠狀纖維絲
belt desmosome	带状桥粒	帶狀橋粒
β-bend (=β-turn)	β 转角	β 轉角
beta-alpha-beta motif (=β-α-β motif)	β-α-β 结构域，β-α-β 模体	β-α-β 結構域
beta-strand (=β-strand)	β[折叠]链	β 鏈，β 長帶
B-form DNA	B 型 DNA	B 型 DNA
bicoid gene (*bcd* gene)	*bicoid* 基因	*bicoid* 基因
bidirectional signaling	双向信号传送	雙向訊息傳遞
binary fission	二分[分]裂	二分裂
bindin	结合蛋白	親源蛋白
binding-change model	结合变构模型	結合改變模型
biochip	生物芯片	生物晶片
bioengineering	生物工程	生物工程
biogenesis	生源说，生源论	生物形成說
bioinformatics	生物信息学	生物資訊學，生物訊息學
biomembrane	生物膜	生物膜
bioreactor	生物反应器	生物反應器
biotin	生物素	維生素 H，生物素
bipolar cell	双极细胞	雙極細胞
bipolar neuron	双极神经元	雙極神經元
bisexual paedogenesis	幼体两性生殖	兩性幼體生殖
bisexual reproduction	两性生殖	兩性生殖，有性生殖
bithorax complex	双胸复合物	雙胸複合體
bivalent	二价[染色]体	兩價體
blastema	芽基	胚基
blastocoel	囊胚腔	囊胚腔
blastocyst	[囊]胚泡	胚泡
blastodisc	胚盘	胚盤
blastogenesis	芽基发育	芽生法
blastomere	[卵]裂球	卵裂球

英　文　名	大　陆　名	台　湾　名
blastopore	胚孔	胚乳
blastula	囊胚	囊胚
blepharoplast	生毛体	成鞭毛體
blood island	血岛	血島
blue-green algae	蓝藻	藍綠菌，藍綠藻
B lymphocyte	B[淋巴]细胞	B[淋巴]細胞，B 淋巴球
BMSC（=bone marrow stem cell）	骨髓干细胞	骨髓幹細胞
bone marrow-derived stem cell	骨髓衍生干细胞	骨髓衍生幹細胞
bone marrow stem cell（BMSC）	骨髓干细胞	骨髓幹細胞
bone marrow stromal cell	骨髓基质细胞	骨髓基質細胞
bouquet stage	花束期	花束期
Bowman's capsule	鲍曼囊	鮑氏囊
brain-derived growth factor（BDGF）	脑源性生长因子	腦源性生長因子
brain-derived neurotrophic factor（BDNF）	脑源性神经营养因子	腦源性神經營養因子
bright-field microscope	明视野显微镜，明视场显微镜	明視野顯微鏡
brush border	刷状缘	刷狀緣
bulk culture（=mass culture）	大量培养	大量培養
buoyant density	浮力密度	浮力密度
buoyant density centrifugation	浮力密度离心	浮力密度離心
bursa of Fabricius	法氏囊	法氏囊

C

英　文　名	大　陆　名	台　湾　名
Ca^{2+}/calmodulin-dependent protein kinase	依赖 Ca^{2+}/钙调蛋白的蛋白激酶	依鈣離子/攝鈣素蛋白激酶
cadherin	钙黏着蛋白	鈣黏蛋白
CAK（=cyclin-dependent-kinase activating kinase）	周期蛋白依赖性激酶激活激酶	週轉蛋白依賴激酶活化激酶
calcitonin（CT）	降钙素	抑鈣素
calcium ATPase	钙 ATP 酶	鈣 ATP 酶
calcium-binding protein	钙结合蛋白质	鈣結合蛋白
calcium channel	钙通道	鈣離子通道
calcium fingerprint	钙指纹	鈣指紋
calcium mobilization	钙调动	鈣調動
calcium oscillation	钙振荡	鈣振盪

英　文　名	大　陆　名	台　湾　名
calcium peak	钙峰	鈣峰
calcium pool (=calcium store)	钙库	鈣庫
calcium pump	钙泵	鈣離子幫浦
calcium signal	钙信号	鈣訊號
calcium store	钙库	鈣庫
calcium wave	钙波	鈣波
calcyclin	钙周期蛋白	鈣週期蛋白
calli（复）(=callus)	愈伤组织	癒合組織，癒傷組織
callose	愈伤葡萄糖，胼胝质	胼胝質
callus	愈伤组织	癒合組織，癒傷組織
callus culture	愈伤组织培养	癒合組織培養，癒傷組織培養
calmodulin (CaM)	钙调蛋白，钙调素	攜鈣素，鈣調節蛋白
calnexin	钙连蛋白	鈣連蛋白
calreticulin	钙网蛋白	鈣網蛋白
Calvin cycle	卡尔文循环	卡爾文循環
CaM (=calmodulin)	钙调蛋白，钙调素	攜鈣素，鈣調節蛋白
CAM (=cell adhesion molecule)	细胞黏附分子	細胞附著分子，細胞黏著分子
cAMP (=cyclic adenosine monophosphate)	环腺苷酸	環腺核苷[單磷]酸，環單磷酸腺苷
cAMPase (=adenylate cyclase)	腺苷酸环化酶	腺苷酸環化酶
cAMP-dependent protein kinase	依赖 cAMP 的蛋白激酶	依環腺苷酸蛋白激酶
cAMP receptor protein (CRP)	cAMP 受体蛋白	環腺苷酸受體蛋白
cancer	癌[症]	癌症
cancer cell	癌细胞	癌細胞
cancer stem cell hypothesis	癌干细胞假说	癌幹細胞假說
capacitation	获能	精子獲能過程
cap binding protein	帽结合蛋白质	帽結合蛋白
capillary culture	毛细管培养	毛細管培養
capillary electrophoresis (CE)	毛细管电泳	毛細管電泳
capping	加帽	罩蓋現象
capping protein	加帽蛋白	加帽蛋白
capsid	衣壳，壳体	衣殼，蛋白殼，被囊體
cap site	加帽位点	帽位點
CapZ protein	Z 帽蛋白	Z 帽蛋白
carcinogen	致癌剂	致癌劑，致癌物

英 文 名	大 陆 名	台 湾 名
carcinogenesis	癌变	致癌作用，癌發生
carcinoma	上皮癌	癌
CARD (=caspase recruitment domain)	胱天蛋白酶募集域	凋亡蛋白酶募集區域
carmine	洋红	胭脂紅色素
carrier protein	载体蛋白	載體蛋白，攜載蛋白
cascade	级联反应	級聯反應
Casparian band	凯氏带	卡氏帶
Casparian strip (=Casparian band)	凯氏带	卡氏帶
caspase	胱天蛋白酶，胱冬肽酶	凋亡蛋白酶，胱冬肽酶
caspase recruitment domain (CARD)	胱天蛋白酶募集域	凋亡蛋白酶募集區域
cassette mechanism	盒式机制	片盒機制
catalase	过氧化氢酶	過氧化氫酶，觸媒
catalyst	催化剂	催化劑
catalytic antibody	催化性抗体	催化[性]抗體
catalytic receptor	催化型受体	催化型受體
catastrophin	微管溃散蛋白	災變蛋白
catenin	联蛋白	連環蛋白
caveola	陷窝，胞膜窖	陷窩
caveolin	陷窝蛋白，窖蛋白	陷窩蛋白
C-banding	C 显带	C 帶
CCAAT transcription factor (CTF)	CCAAT 转录因子	CCAAT 轉錄因子
CCP (=clathrin-coated pit)	网格蛋白有被小窝	內涵蛋白包覆小窩
CCV (=clathrin-coated vesicle)	网格蛋白有被小泡	內涵蛋白包覆泡囊
C_3 cycle	C_3 循环	三碳循環
C_4 cycle	C_4 循环	四碳循環
CD antigen (=cluster of differentiation antigen)	分化抗原群	分化抗原組群
cdc gene (=cell division cycle gene)	细胞分裂周期基因	細胞分裂調期基因
CDK (=cyclin-dependent kinase)	周期蛋白依赖性激酶	週轉蛋白依賴激酶
Cdk (=cyclin-dependent kinase)	周期蛋白依赖性激酶	週轉蛋白依賴激酶
cDNA (=complementary DNA)	互补 DNA	互補 DNA，反向轉錄 DNA
CDR (=complementarity determining region)	互补决定区	互補決定區
CE (=capillary electrophoresis)	毛细管电泳	毛細管電泳
cell	细胞	細胞
cell adhesion	细胞黏附	細胞黏附
cell adhesion molecule (CAM)	细胞黏附分子	細胞附著分子，細胞黏

英　文　名	大　陆　名	台　湾　名
		著分子
cell affinity chromatography	细胞亲和层析	細胞親和性層析
cell aging	细胞衰老	細胞衰老
cell bank	细胞库	細胞庫
cell biology	细胞生物学	細胞生物學
cell cloning	细胞克隆	細胞複製
cell coat	细胞外被	細胞外套
cell communication	细胞通信	細胞溝通
cell culture	细胞培养	細胞培養
cell cycle	细胞周期	細胞週期
cell cycle checkpoint	细胞周期检查点	細胞週期檢驗點
cell death	细胞死亡	細胞死亡
cell determination	细胞决定	細胞決定
cell differentiation	[细胞]分化	細胞分化
cell division	细胞分裂	細胞分裂
cell division cycle gene (*cdc* gene)	细胞分裂周期基因	細胞分裂週期基因
cell electrophoresis	细胞电泳	細胞電泳
cell engineering	细胞工程	細胞工程
cell fractionation	细胞[组分]分级分离	細胞胞器分離
cell-free system	无细胞系统	無細胞系統
cell fusion	细胞融合	細胞融合
cell generation time	细胞世代时间	細胞世代間隔
cell genetics (=cytogenetics)	细胞遗传学	細胞遺傳學
cell growth	细胞生长	細胞生長
cell hybridization	细胞杂交	細胞融合
cell junction	细胞连接	細胞連接
cell line	细胞系	細胞株
cell lineage	细胞谱系	細胞譜系
cell locomotion	细胞移动	細胞移動
cell matrix	细胞基质	細胞基質
cell-mediated immunity	细胞介导免疫	細胞性免疫
cell membrane	[细]胞膜	細胞膜
cell migration	细胞迁移	細胞遷移
cell mobility	细胞运动性	細胞移動性
cell morphology	细胞形态学	細胞形態學
cell movement	细胞运动	細胞移動
cell pathology	细胞病理学	細胞病理學

英　文　名	大　陆　名	台　湾　名
cell physiology	细胞生理学	細胞生理學
cell plate	细胞板	細胞板
cell proliferation	细胞增殖	細胞增生
cell purification	细胞纯化	細胞純化
cell recognition	细胞识别	細胞辨識
cell repository (=cell bank)	细胞库	細胞庫
cell rhythm	细胞节律	細胞節律
cell senescence (=cell aging)	细胞衰老	細胞衰老
cell separation	细胞分离	細胞分離
cell signaling	细胞信号传送，细胞信号传导	細胞訊息傳遞
cell sociality	细胞社会性	細胞社會性
cell sociology	细胞社会学	細胞社會學
cell sorter	细胞分选仪	細胞分離儀
cell sorting	细胞分选	細胞分離
cell strain	细胞株	細胞株
cell substrain	细胞亚株	細胞亞株
cell surface receptor	细胞表面受体	細胞表面受體
cell theory	细胞学说	細胞學說
cellular immune response	细胞免疫应答	細胞免疫反應
cellular immunity	细胞免疫	細胞免疫
cellular immunology	细胞免疫学	細胞免疫學
cellular oncogene (c-oncogene)	细胞癌基因，c 癌基因	細胞致癌基因，c-致癌基因
cellular organ	细胞器	胞器
cellular organelle (=cellular organ)	细胞器	胞器
cellular respiration	细胞呼吸[作用]	細胞呼吸作用
cellulase	纤维素酶	纖維素酶
cellulose	纤维素	纖維素
cell wall	细胞壁	細胞壁
centractin	中心体肌动蛋白	中心體肌動蛋白
central cell	中央细胞	中央細胞
central dogma	中心法则	中心法則，中心教條
central domain	中心域	中心域
central element	[联会复合体]中央成分	中央成分
central granule	[核孔复合体]中央颗粒	中心粒

英　文　名	大　陆　名	台　湾　名
central plug	中央栓	中央栓
central spindle	中央纺锤体	中心紡錘體
central vacuole	中央液泡	中央液泡
centric fusion	着丝粒融合	著絲點併合
centric split	着丝粒分裂，着丝粒分离	著絲點分離
centrifugation	离心	離心
centriole	中心粒	中心粒
centrodesm	中心体连丝	中心體連絲
centrodesmose (=centrodesm)	中心体连丝	中心體連絲
centrodesmus (=centrodesm)	中心体连丝	中心體連絲
centromere	着丝粒	著絲粒，中節
centromere DNA sequence	着丝粒 DNA 序列	著絲粒 DNA 序列
centromere-kinetochore complex	着丝粒-动粒复合体	著絲粒-著絲點複合體
centromere misdivision	着丝粒错分	著絲粒錯分
centromere plate	着丝粒板	著絲粒板
centromeric exchange (CME)	着丝粒交换	著絲粒交換
centrophilin	亲中心体蛋白	親中心體蛋白
centroplasm	中心质	中心質
centroplast	中心质体	中心質體
centrosome	中心体	中心體
centrosome cycle	中心体周期	中心體週期
centrosome matrix	中心体基质	中心體基質
centrosphere	中心球	中心球
cephalin	脑磷脂	腦磷脂
cesium chloride centrifugation	氯化铯离心	氯化銫離心
CFC (=colony forming cell)	集落形成细胞	細胞群落形成細胞
CFE (=colony forming efficiency)	集落形成率	細胞群落形成效率
CFS (=charge flow separation)	电荷流分离法	電荷流分離法
CFU (=colony forming unit)	集落形成单位	細胞群落形成單位
CFU-S (=colony forming unit-spleen)	脾集落形成单位	脾細胞族形成單位
cGMP (=cyclic guanosine monophosphate)	环鸟苷[一磷]酸	環單磷酸鳥苷
cGMPase (=guanylate cyclase)	鸟苷酸环化酶	鳥苷酸環化酶
CGN (=cis-Golgi network)	顺面高尔基网	順式高基[氏]體網
chaetoglobosin	球毛壳菌素	球毛殼菌素
chain termination method	链终止法	鍊終止法
chalazogamy	合点受精	合點受精
chalone	抑素	抑素

英　文　名	大　陆　名	台　湾　名
channel protein	通道蛋白	通道蛋白
chaperone	分子伴侣	保護者蛋白
chaperonin	伴侣蛋白	保護者蛋白
charge flow separation (CFS)	电荷流分离法	電荷流分離法
chartin	导向蛋白	導向蛋白
checkpoint	检查点，关卡，检控点	檢查點，關卡，檢控點
chemical degradation method	化学降解法	化學降解法
chemical method of DNA sequencing	DNA 化学测序法	DNA 化學定序法
chemiosmosis	化学渗透	化學滲透
chemiosmotic [coupling] hypothesis	化学渗透[偶联]学说	化學滲透[偶聯]學說
chemoattractant	化学引诱物	化學引誘物
chemokine	趋化因子	趨化因子，趨化激素
chemorepellent	化学排斥物	化學排斥物
chemotaxis	趋化性	趨化性
Chen's filter paper siphonage culture system	陈氏滤纸虹吸器官培养系统	陳式濾紙虹吸培養系統
chiasma	交叉	交叉
chiasma terminalization	交叉端化	交叉末端化
chimaera	嵌合体	嵌合體
chimeric antibody	嵌合抗体	嵌合抗體
chlorophyll	叶绿素	葉綠素
chloroplast	叶绿体	葉綠體
chloroplast DNA (ctDNA)	叶绿体 DNA	葉綠體 DNA
chloroplast envelope	叶绿体被膜	葉綠體被膜
chloroplast genome	叶绿体基因组	葉綠體基因體，葉綠體基因組
chloroplast granum	叶绿体基粒	葉綠體基粒
chloroplastonema	叶绿体线	葉綠體線
chloroplast stroma	叶绿体基质	葉綠體基質
chondriokinesis	线粒体分裂	粒線體分裂
chondroitin sulfate	硫酸软骨素	硫酸軟骨素
chondronectin	软骨粘连蛋白	軟骨黏連蛋白
chromatic sphere	染色质球	染色質球
chromatic thread	染色质丝	染色質絲
chromatid	染色单体	染色分體
chromatid aberration	染色单体畸变	染色分體異常
chromatid break	染色单体断裂	染色分體斷裂
chromatid bridge	染色单体桥	染色分體橋

英　文　名	大　陆　名	台　湾　名
chromatid gap	染色单体间隙	染色分體縫隙
chromatid grain	染色单体粒	染色分體粒
chromatid interchange	染色单体互换	染色分體互換
chromatid linking protein	染色单体连接蛋白	染色分體連接蛋白
chromatid tetrad	四分染色单体	染色分體四分體
chromatin	染色质	染色質
chromatin bridge	染色质桥	染色質橋
chromatin condensation	染色质凝缩	染色質濃縮
chromatin diminution	染色质消减	染色質縮減
chromatin fiber	染色质纤维	染色質纖維
chromatin-remodeling complex	染色质重塑复合物	染色質重塑複合體，染色質重組複合體
chromatography	层析	層析法
chromatoid body	拟染色体	似染色體
chromocenter	染色中心	染色中心
chromomere	染色粒	染色粒
chromonema	染色线	染色絲
chromoplast	色质体	色質體，雜色體
chromoprotein	色蛋白	色素蛋白
chromosomal microtubule	染色体微管	染色體微管
chromosome	染色体	染色體
chromosome aberration	染色体畸变	染色體異常
chromosome arm	染色体臂	染色體臂
chromosome banding technique	染色体显带技术	染色體顯帶法，染色體條紋染色法
chromosome bridge	染色体桥	染色體橋
chromosome complement	染色体组	染色體組群
chromosome core	染色体轴	染色體核心
chromosome cycle	染色体周期	染色體週期
chromosome duplication	染色体重复	染色體複製
chromosome elimination	染色体消减，染色体丢失	染色體去除
chromosome engineering	染色体工程	染色體工程
chromosome knob	染色体结	染色體結
chromosome map	染色体图	染色體圖
chromosome non-disjunction	染色体不分离	染色體不分離
chromosome pairing	染色体配对	染色體配對
chromosome passenger complex (CPC)	染色体乘客复合物	染色體乘客複合體

英　文　名	大　陆　名	台　湾　名
chromosome puff	染色体疏松，染色体胀泡	染色體膨鬆，染色體膨部
chromosome rearrangement	染色体重排	染色體重排
chromosome satellite	染色体随体	衛星染色體
chromosome scaffold	染色体支架	染色體支架
chromosome set	染色体套	染色體組
chromosome sorting	染色体分选	染色體分選
chromosome synapsis	染色体联会	染色體聯會
chromosome translocation	染色体易位	染色體易位
chromosome walking	染色体步查，染色体步移	染色體步查，染色體步移
chromosomics (=chromosomology)	染色体学	染色體學
chromosomology	染色体学	染色體學
ciliary dynein	纤毛动力蛋白	纖毛動力蛋白
cilium	纤毛	纖毛
cis-acting	顺式作用	順式作用
cis-acting element	顺式作用元件	順式作用元件
cis-acting gene	顺式作用基因	順式作用基因
cis-acting locus	顺式作用基因座	順式作用基因座
cis-face	顺面，形成面	順面，順式面，接受面
cis-Golgi network (CGN)	顺面高尔基网	順式高基[氏]體網
cistern	潴泡，扁囊	扁囊，內腔
cisterna (=cistern)	潴泡，扁囊	扁囊，內腔
citric acid cycle	柠檬酸循环	檸檬酸循環
c-Jun N-terminal kinase	c-Jun N 端激酶	c-Jun N 端激酶
CKI (=cyclin-dependent-kinase inhibitor)	周期蛋白依赖性激酶抑制因子	週轉蛋白依賴激酶抑制劑
classical hypothesis	经典假说	經典假說
clathrin	网格蛋白，成笼蛋白	內涵蛋白
clathrin-coated pit (CCP)	网格蛋白有被小窝	內涵蛋白包覆小窩
clathrin-coated vesicle (CCV)	网格蛋白有被小泡	內涵蛋白包覆泡囊
claudin	密封蛋白	封閉蛋白
cleavage	卵裂	卵裂
cleavage furrow	卵裂沟	卵裂溝
cleavage plane	卵裂面	卵裂面，劈裂面
cleavage type	卵裂型	卵裂型，劈裂型
cloacal bursa	腔上囊	腔上囊
clonal expansion	克隆扩增	複製擴增

英　文　名	大　陆　名	台　湾　名
clonal propagation	克隆繁殖	無性繁殖
clonal selection theory	克隆选择学说	無性繁殖系選擇學說，單株選擇學說，單源選擇學說
clonal variant	克隆变异体	無性複製變異體，無性複製變異株
clonal variation	克隆变异	無性複製變異
clone	克隆，无性繁殖系	複製
cloning	克隆化	複製，選殖
cloning efficiency	克隆率	複製效率
cloning vector	克隆载体	複製載體
cloning vehicle（=cloning vector）	克隆载体	複製載體
cluster of differentiation antigen（CD antigen）	分化抗原群	分化抗原組群
CME（=centromeric exchange）	着丝粒交换	著絲粒交換
coacervate	团聚体	團聚體
coactivator	辅激活物，辅激活蛋白	輔激活物
coated pit	有被小窝	被膜小窩
coated vacuole	有被液泡	被膜液泡
coated vesicle	有被小泡	被膜泡囊
coatomer protein I（COP I）	衣被蛋白 I	外被體蛋白 I
coatomer protein II（COP II）	衣被蛋白 II	外被體蛋白 II
co-culture	共培养	共培養
code degeneracy	密码简并	密碼簡併性
coding strand	编码链	編碼股
codon	密码子	密碼子
coenogamete	多核配子	多核配子
coenozygote	多核合子	多核合子
coenzyme Q	辅酶 Q	輔酶 Q
cofilin	丝切蛋白	絲切蛋白
cohesin	黏连蛋白	黏合蛋白
coiled-coil	卷曲螺旋	捲曲螺旋，雙纏螺旋，纏繞式捲曲
coiled-coil repeat motif	卷曲螺旋重复功能域，卷曲螺旋重复模体	螺旋捲曲重複功能域
colcemid	秋水仙酰胺	乙醯甲基秋水仙素
colchamine（=colcemid）	秋水仙酰胺	乙醯甲基秋水仙素
colchicine	秋水仙碱，秋水仙素	秋水仙鹼，秋水仙素

英　文　名	大　陆　名	台　湾　名
collagen	胶原	膠原蛋白
collagen fiber	胶原纤维	膠原蛋白纖維
collagen fibril	胶原原纤维	膠原蛋白細纖維
collenchyma cell	厚角细胞	厚角細胞
colony	集落	細胞群落
colony forming cell (CFC)	集落形成细胞	細胞群落形成細胞
colony forming efficiency (CFE)	集落形成率	細胞群落形成效率
colony forming unit (CFU)	集落形成单位	細胞群落形成單位
colony forming unit-spleen (CFU-S)	脾集落形成单位	脾細胞族形成單位
colony stimulating factor (CSF)	集落刺激因子	群落刺激因子
columnar epithelial cell	柱状上皮细胞	柱狀上皮細胞
column chromatography	柱层析	管柱層析
column subunit	柱状亚单位	柱狀亞單位
combinatory control	组合调控	組合調控
commitment	定型，限定	定型
commitment factor	束缚因子	束縛因子
committed cell	定型细胞	定型細胞
companion cell	伴胞	伴細胞
comparative embryology	比较胚胎学	比較發生學，比較胚胎學
compartmental hypothesis	分隔假说	分室假說
compartmentalization	区室化	分室作用
compartmentation (=compartmentalization)	区室化	分室作用
competence	感受态	感受態，勝任性
complement	补体	補體
complementarity determining region (CDR)	互补决定区	互補決定區
complementary DNA (cDNA)	互补 DNA	互補 DNA，反向轉錄 DNA
complement receptor	补体受体	補體受體
complete antigen	完全抗原	完全抗原
Con A (=concanavalin A)	伴刀豆凝集素 A	刀豆球蛋白 A，刀豆素 A
concanavalin A (Con A)	伴刀豆凝集素 A	刀豆球蛋白 A，刀豆素 A
concave slide (=depression slide)	凹玻片	凹玻片
c-oncogene (=cellular oncogene)	细胞癌基因，c 癌基因	細胞致癌基因，c-致癌基因
condensed chromatin	凝聚染色质	濃縮染色質
condenser	聚光镜	聚光鏡

英　文　名	大　陆　名	台　湾　名
condensin	凝缩蛋白	縮合蛋白
conditioned medium	条件培养液	條件培養液
confluent culture	汇合培养，铺满培养	滿盤培養
conjugant	接合体	接合體
conjugation	接合	接合
connectin	[粗丝]连接蛋白	接合蛋白
connective tissue	结缔组织	結締組織
connexin	连接子蛋白	接合蛋白
connexon	连接子	接合質
consensus sequence	共有序列	一致序列，共通序列
conserved sequence	保守序列	保守序列
constant region	恒定区	恆定區
constitutive enzyme	组成酶，恒定[表达]酶	構成酵素
constitutive heterochromatin	组成性异染色质，恒定性异染色质	組成型異染色質
constitutive promoter	组成性启动子，恒定性启动子	組成型啟動子
constitutive secretion	连续性分泌，固有分泌，恒定型分泌	固有分泌，恆定型分泌
constitutive secretory pathway	连续分泌途径，恒定分泌途径	固有分泌途徑，恆定分泌途徑
constitutive splicing	组成性剪接，恒定性剪接	組成型剪接，恆定型剪接
constriction	缢痕	縊痕，隘縮
contact guidance	接触导向	接觸導向
contact inhibition	接触抑制	接觸抑制
contig DNA	重叠 DNA	重疊 DNA
continuous cell line（=infinite cell line）	无限细胞系，连续细胞系	無限細胞株
continuous culture	连续培养	連續培養
continuous flow culture system	连续流动培养系统	連續流動培養系統
contractile protein	收缩蛋白质	收縮蛋白
contractile ring	收缩环	收縮環
contractile vacuole	收缩泡，伸缩泡	收縮泡，伸縮泡
contraction producing factor	致缩因子	致縮因子
Coomassie [brilliant] blue	考马斯[亮]蓝	考馬析藍，考馬悉亮藍
COP Ⅰ（=coatomer protein Ⅰ）	衣被蛋白 Ⅰ	外被體蛋白 Ⅰ
COP Ⅱ（=coatomer protein Ⅱ）	衣被蛋白 Ⅱ	外被體蛋白 Ⅱ

英　文　名	大　陆　名	台　湾　名
COP I -coated vesicle	COP I 有被小泡	COP I -包被小泡
COP II -coated vesicle	COP II 有被小泡	COP II -包被小泡
corepressor	辅阻遏物，协阻遏物	協同抑制因子
cortex	①皮质 ②皮层	①皮質 ②皮層
cortical granule	皮质颗粒	皮層顆粒
cortical reaction	皮质反应	皮質反應
cosmid	黏粒	黏接質體
cotransfection	共转染	共轉染
cotransformation	共转化	共轉化
cotranslational transport	共翻译运输	共同轉譯運輸
co-transport	协同运输，协同转运	共同運輸
coupled oxidation	偶联氧化	偶合氧化[作用]
coupled transport (=co-transport)	协同运输，协同转运	共同運輸
coupling factor	偶联因子	偶聯因子
cover glass (=coverslip)	盖玻片	蓋玻片
coverslip	盖玻片	蓋玻片
coverslip culture	盖玻片培养	蓋玻片培養
C_3 pathway	C_3 途径	三碳途徑
C_4 pathway	C_4 途径	四碳途徑，海奇-史萊克途徑
CPC (=chromosome passenger complex)	染色体乘客复合物	染色體乘客複合體
C_3 plant	C_3 植物	三碳植物
C_4 plant	C_4 植物	四碳植物
creatine phosphate (=phosphocreatine)	磷酸肌酸	磷酸肌酸
crinophagy	分泌自噬	分泌自噬
crista	嵴	嵴，脊
cristae (复) (=crista)	嵴	嵴，脊
critical-point drying method	临界点干燥法	臨界點乾燥法
crossing over	交换	交換，互換
cross-linking protein	交联蛋白	交聯蛋白
cross-talk	[信号]串流	串擾，串音
CRP (=cAMP receptor protein)	cAMP 受体蛋白	環腺苷酸受體蛋白
cryofixation	冷冻固定	冷凍固定
cryopreservation	深低温保藏	低溫保存
cryoprotectant	冷冻保护剂	冷凍保護劑
cryotomy (=freezing microtomy)	冷冻切片术	冷凍切片術
cryoultramicrotomy	冷冻超薄切片术	冷凍超薄切片技術
crystal violet	结晶紫	結晶紫

英 文 名	大 陆 名	台 湾 名
CSF(=①cytostatic factor ②colony stimulating factor)	①细胞静止因子 ②集落刺激因子	①細胞靜止因子 ②群落刺激因子
CT(=calcitonin)	降钙素	抑鈣素
ctDNA(=chloroplast DNA)	叶绿体 DNA	葉綠體 DNA
CTF(=CCAAT transcription factor)	CCAAT 转录因子	CCAAT 轉錄因子
culture in shallow liquid medium	液体浅层静置培养	液體淺層靜置培養
culture medium	培养液，培养基	培養液，培養基
culture of animal cell and tissue	动物细胞与组织培养	動物細胞與組織培養
culture of larva embryo	幼胚培养	幼胚培養
culture of mature embryo	成熟胚培养	成熟胚培養
cyanobacterium	蓝细菌	藍[綠]菌
cybrid	胞质杂种	[細]胞質雜交
cyclic adenosine monophosphate(cAMP)(=cyclic adenylic acid)	环腺苷酸	環腺核苷[單磷]酸，環單磷酸腺苷
cyclic adenylic acid	环腺苷酸	環腺核苷[單磷]酸，環單磷酸腺苷
cyclic electron transport pathway	循环式电子传递途径	循環[式]電子傳遞途徑
cyclic guanosine monophosphate(cGMP)(=cyclic guanylic acid)	环鸟苷[一磷]酸	環單磷酸鳥苷
cyclic guanylic acid	环鸟苷[一磷]酸	環單磷酸鳥苷
cyclic photophosphorylation	循环光合磷酸化	循環光合磷酸化
cyclin	[细胞]周期蛋白	週轉蛋白，週期素，細胞週期調節蛋白
cyclin box	周期蛋白框	週轉蛋白框
cyclin-dependent kinase(CDK，Cdk)	周期蛋白依赖性激酶	週轉蛋白依賴激酶
cyclin-dependent-kinase activating kinase(CAK)	周期蛋白依赖性激酶激活激酶	週轉蛋白依賴激酶活化激酶
cyclin-dependent-kinase inhibitor(CKI)	周期蛋白依赖性激酶抑制因子	週轉蛋白依賴激酶抑制劑
cycloheximide	放线酮，环己酰亚胺	放線菌酮，環己醯亞胺
cyclosis	胞质环流	胞質環流，胞質循流
cyst	孢囊	胞囊，囊腫
cysteine	半胱氨酸	半胱氨酸
cytochalasin	松胞菌素，细胞松弛素	細胞鬆弛素，細胞分裂抑素
cytochemistry	细胞化学	細胞化學
cytochrome	细胞色素	細胞色素

英　文　名	大　陆　名	台　湾　名
cytochrome oxidase	细胞色素氧化酶	細胞色素氧化酶
cytochrome P450	细胞色素 P450	細胞色素 P450
cytoclasis	细胞解体	細胞解體
cytodynamics (=cytokinetics)	细胞动力学	細胞動力學
cytoenergetics	细胞能[力]学	細胞能力學
cytofluorometry	细胞荧光测定术	細胞螢光測定術
cytogenetics	细胞遗传学	細胞遺傳學
cytokeratin	细胞角蛋白	細胞角蛋白
cytokeratin filament	角蛋白丝	細胞角蛋白纖維
cytokine	细胞因子	細胞激素
cytokine receptor superfamily	细胞因子受体超家族	細胞激素受體超家族
cytokinesis	胞质分裂	胞質分裂
cytokinetics	细胞动力学	細胞動力學
cytokinin	细胞分裂素,细胞激动素	細胞分裂素
cytological map	细胞学图	細胞學圖
cytology	细胞学	細胞學
cytolysin	溶细胞素	細胞溶素
cytolysis	细胞溶解,细胞裂解	細胞溶解
cytome	细胞组	[細胞質]微粒體系
cytometry	细胞计量术	細胞計量術
cytomics	细胞组学	細胞體學
cytomixis	细胞交融,细胞混合	細胞混合
cytomorphology (=cell morphology)	细胞形态学	細胞形態學
cytopathology (=cell pathology)	细胞病理学	細胞病理學
cytopharynx	胞咽	胞咽
cytophotometry	细胞光度术	細胞光度術
cytophysiology (=cell physiology)	细胞生理学	細胞生理學
cytoplasm	[细]胞质	[細]胞質
cytoplasmic annulus	胞质孔环	[細]胞質環孔
cytoplasmic bridge	[细]胞质桥	[細]胞質橋
cytoplasmic filament	胞质丝	細胞質微絲
cytoplasmic hybrid (=cybrid)	胞质杂种	[細]胞質雜交
cytoplasmic movement	胞质运动	[細]胞質運動
cytoplasmic ring	胞质环	[細]胞質環
cytoplasmic streaming (=cyclosis)	胞质环流	胞質環流,胞質循流
cytoplast	胞质体	[細]胞質體
cytoproct	胞肛	[細]胞肛

英　文　名	大　陆　名	台　湾　名
cytopyge（=cytoproct）	胞肛	［細］胞肛
cytosis	吞排作用	胞飲作用
cytoskeleton	细胞骨架	細胞骨架
cytosol	胞质溶胶	細胞質
cytosolic face	胞质面	胞質面
cytosome（=cytoplast）	胞质体	［細］胞質體
cytostatic factor（CSF）	细胞静止因子	細胞靜止因子
cytostome	胞口	胞口
cytotaxonomy	细胞分类学	細胞分類學
cytotoxic T cell（=cytotoxic T lymphocyte）	细胞毒性 T［淋巴］细胞	胞毒［型］T 細胞，胞毒［型］T 淋巴球，毒殺性 T 淋巴球
cytotoxic T lymphocyte	细胞毒性 T［淋巴］细胞	胞毒［型］T 細胞，胞毒［型］T 淋巴球，毒殺性 T 淋巴球
cytotoxin	细胞毒素	細胞毒素
cytotrophoblast	细胞滋养层	細胞滋養層，細胞滋養細胞
cytotropism	细胞向性	細胞間向性

D

英　文　名	大　陆　名	台　湾　名
DAG（=diacylglycerol）	二酰甘油	二醯基甘油
DAPI（=4′, 6-diamidino-2-phenylindole）	4′, 6-二脒基-2-苯基吲哚	4′, 6-二脒基-2-苯基吲哚
dark band（=A band）	暗带，A 带	暗帶，A 帶
dark-field microscope	暗视野显微镜，暗视场显微镜	暗視野顯微鏡
daughter chromosome	子染色体	子染色體
dedifferentiation	去分化，脱分化	去分化
deep etching	深度蚀刻	深度蝕刻
default pathway	缺省途径	預設途徑
defensin	防御素	防禦素
defined medium	确定成分培养液，已知成分培养液	限定培養液
deglycosylation	去糖基化	去醣基作用
degradosome	降解体	降解體

英 文 名	大 陆 名	台 湾 名
dehydration reagent	脱水剂	脱水劑
deletion	缺失	缺失
dematin	[肌动蛋白]成束蛋白	成束蛋白
denaturation	变性	變性
dendrite	树突	樹[狀]突
dendritic cell	树突状细胞	樹突細胞
dense fibrillar component (DFC)	致密纤维组分	密度纖維組份
density dependent cell growth inhibition	密度依赖的细胞生长抑制，依赖密度的生长抑制	密度依賴生長抑制
density gradient centrifugation	密度梯度离心	密度梯度離心
deoxyribonucleic acid (DNA)	脱氧核糖核酸	去氧核糖核酸，去氧核醣核酸
depactin	[肌动蛋白]解聚蛋白	去聚合蛋白
dephosphorylation	去磷酸化	去磷酸化
deplasmolysis	质壁分离复原	質壁分離復原
depolarization	去极化	去極化
depression slide	凹玻片	凹玻片
dermatan sulfate	硫酸皮肤素	硫酸皮膚素
desensitization	脱敏	去敏感作用
desmin	结蛋白	肌絲間蛋白
desmin filament	结蛋白丝	結蛋白絲
desmocollin	桥粒胶蛋白	橋粒膠蛋白
desmoglein	桥粒黏蛋白	橋粒黏合蛋白
desmoplakin	桥粒斑蛋白	橋粒斑蛋白
desmosine	锁链素	鎖聯酸
desmosome	桥粒	橋粒，胞橋小體
desmotubule	连丝小管	連絲小管
destrin	消去蛋白，破丝蛋白	破解蛋白
desynapsis	去联会	去聯會作用
determinant	决定子	決定子
developmental technology	发育工程	發育工程
DFC (=dense fibrillar component)	致密纤维组分	密度纖維組份
diacylglycerol (DAG)	二酰甘油	二醯基甘油
diad	①二联体 ②二分体	①二聯體 ②二分體
diakinesis	终变期	[減數分裂]趨動期，聯會期
4′, 6-diamidino-2-phenylindole (DAPI)	4′, 6-二脒基-2-苯基吲	4′, 6-二脒基-2-苯基吲

英　文　名	大　陆　名	台　湾　名
	哚	哚
dicentric bridge	双着丝粒桥	二中節染色體橋
dicentric chromosome	双着丝粒染色体	二中節染色體
dictyosome	分散[型]高尔基体	網狀體，高爾基體，無脊椎動物的高基氏體
dictyotene	核网期	核網期
dideoxy termination method	双脱氧法	雙去氧法
differential centrifugation	差速离心	速差離心
differential expression	差异表达	差別表達，差異性表現
differential gene expression	差异基因表达	差別基因表達，差異性基因表現
differential-interference contrast microscope	微分干涉相差显微镜	微分干涉相位差顯微鏡
differential staining	鉴别染色	鑑別性染色，鑑別染色法
differentiation	分化	分化作用
differentiation antigen	分化抗原	分化抗原
digoxigenin	地高辛	毛地黃素
dikaryon	双核体	雙核體
dimorphism	二态性，双态现象	二型性，二型現象
dioecism	①雌雄异株 ②雌雄异体	①雌雄異株 ②雌雄異體
diploid	二倍体	二倍體
diploid cell line	二倍体细胞系	二倍體細胞株
diploidy	二倍性	二倍性
diplotene	双线期	雙絲期
direct immunofluorescence	直接免疫荧光	直接免疫螢光
discoidal cleavage	盘状卵裂	盤狀分裂
dispermy	双精入卵	雙精入卵，雙精授精
dissecting microscope (=stereomicroscope)	立体显微镜，体视显微镜，解剖显微镜	立體顯微鏡
disulfide bond	二硫键	雙硫鍵
D-loop synthesis	D 祥合成，D 环合成	D 環合成
DNA (=deoxyribonucleic acid)	脱氧核糖核酸	去氧核糖核酸，去氧核醣核酸
DNA affinity chromatography	DNA 亲和层析	DNA 親和[性]層析法
DNA amplification	DNA 扩增	DNA 增殖作用
DNA chip	DNA 芯片	DNA 晶片

英　文　名	大　陆　名	台　湾　名
DNA damage checkpoint	DNA 损伤检查点	DNA 損傷檢驗點
DNA-dependent DNA polymerase	依赖于 DNA 的 DNA 聚合酶	DNA 依賴型 DNA 聚合酶
DNA-dependent RNA polymerase	依赖于 DNA 的 RNA 聚合酶	DNA 依賴型 RNA 聚合酶
DNA-directed DNA polymerase	DNA 指导的 DNA 聚合酶	DNA 指導型 DNA 聚合酶
DNA fingerprinting	DNA 指纹图谱技术	DNA 指紋法
DNA footprinting	DNA 足迹法	DAN 足跡法
DNA gyrase	DNA 促旋酶	DNA 促旋酶
DNA helicase	DNA 解旋酶	DNA 解螺旋酶
DNA ligase	DNA 连接酶	DNA 連接酶
DNA methylation	DNA 甲基化	DNA 甲基化
DNA microarray	DNA 微阵列	DNA 微陣列
DNA polymerase	DNA 聚合酶	DNA 聚合酶
DNA rearrangement	DNA 重排	DNA 重排
DNA replication	DNA 复制	DNA 複製
DNase footprinting	DNA 酶足迹法	DNA 酶足跡法
DNA sequencing	DNA 测序	DNA 定序
DNA topoisomerase	DNA 拓扑异构酶	DNA 拓撲異構酶
DNA tumor virus	DNA 肿瘤病毒	DAN 腫瘤病毒
DNA virus	DNA 病毒	DNA 病毒
docking protein	停靠蛋白质，船坞蛋白质	停靠蛋白質
domain	域	區域，功能域
dot hybridization	斑点杂交	斑點雜交，點墨雜交
double fertilization	双受精	雙重受精
double messenger system	双信使系统	雙信使系統
doublet	双联体	雙聯體
drebrin	脑发育调节蛋白	腦發育蛋白
DRP1 (=dynamin-related protein 1)	发动蛋白相关蛋白 1	動力蛋白相關蛋白-1
dual specificity phosphatase	双特异性磷酸酶	雙重特異性蛋白磷酸酶
dyad (=diad)	①二联体　②二分体	①二聯體　②二分體
dynactin	动力蛋白激活蛋白	動力肌動蛋白
dynamin	发动蛋白，缢断蛋白	動力蛋白
dynamin-related protein 1 (DRP1)	发动蛋白相关蛋白 1	動力蛋白相關蛋白-1
dynein	动力蛋白	動力蛋白

英　文　名	大　陆　名	台　湾　名
dynein activator complex (=dynactin)	动力蛋白激活蛋白	動力肌動蛋白
dynein arm	动力蛋白臂	動力蛋白臂
dystrophin	肌萎缩蛋白，肌养蛋白，肌营养不良蛋白	肌萎縮蛋白

E

英　文　名	大　陆　名	台　湾　名
early endosome	早期内体	早期胞飲小體，早期核內體，內小體
EB (=embryoid body)	胚状体	胚胎體
EC cell (=embryonal carcinoma cell)	胚胎癌性细胞	胚胎癌性細胞
ECM (=extracellular matrix)	[细]胞外基质	[細]胞外基質
ectoderm	外胚层	外胚層
ectodesma	[胞]外连丝	胞外連絲
ectodesmata (复) (=ectodesma)	[胞]外连丝	胞外連絲
ectoplasm	外质	外質
ectoplast	外质体	外質體
ectosarc (=ectoplasm)	外质	外質
effector	效应物	效應物
effector cell	效应细胞	效應細胞
EF-hand	EF 手形	EF 手形結構
EG cell (=embryonic germ cell)	胚胎生殖细胞	胚胎生殖細胞
EGF (=epidermal growth factor)	表皮生长因子	表皮生長因子
EGF receptor (=epidermal growth factor receptor)	表皮生长因子受体	表皮生長因子受體
egg (=ovum)	卵	卵[細胞]
egg apparatus	卵器	卵器
EIA (=enzyme immunoassay)	酶免疫测定	酵素免疫測定，酵素免疫分析法
elaioplast (=oleosome)	油质体，造油体	油質體
elastic fiber	弹性纤维	彈性纖維
elastin	弹性蛋白	彈性蛋白
electrochemical gradient	电化学梯度	電化學梯度
electrofusion	电融合	電融合
electron carrier	电子载体	電子載體
electron microscope	电子显微镜，电镜	電子顯微鏡
electron stain	电子染色	電子染色

英 文 名	大 陆 名	台 湾 名
electron transport	电子传递	電子傳遞
electron transport chain	电子传递链	電子傳遞鏈
electrophoresis	电泳	電泳
electrophoretic mobility shift assay（EMSA）	电泳迁移率变动分析	電泳移動性試驗
electroporation	电穿孔	電穿孔
ELISA（=enzyme-linked immunosorbent assay）	酶联免疫吸附测定	酶聯免疫吸附試驗，酵素連結免疫吸附法
embedding	包埋	包埋
embedding medium	包埋剂	包埋劑
embryo	胚[胎]	胚[胎]
embryo axis	胚轴	胚軸
embryo culture	胚胎培养	胚胎培養
embryogenesis	胚胎发生	胚胎發生，胚胎發育，胚胎形成
embryogenic callus culture	胚性愈伤组织培养	胚性癒合組織培養
embryogeny（=embryogenesis）	胚胎发生	胚胎發生，胚胎發育，胚胎形成
embryoid	胚状体	胚胎體
embryoid body（EB）（=embryoid）	胚状体	胚胎體
embryoid culture	胚状体培养	胚[胎]體培養
embryology	胚胎学	胚胎學
embryonal carcinoma cell（EC cell）	胚胎癌性细胞	胚胎癌性細胞
embryonic callus	胚性愈伤组织	胚性癒合組織，胚性癒傷組織
embryonic disk（=blastodisc）	胚盘	胚盤
embryonic germ cell（EG cell）	胚胎生殖细胞	胚胎生殖細胞
embryonic induction	胚胎诱导	胚胎誘導
embryonic stem cell（ES cell）	胚胎干细胞	胚胎幹細胞
embryo sac	胚囊	胚囊
embryo technology	胚胎工程	胚胎工程
EMSA（=electrophoretic mobility shift assay）	电泳迁移率变动分析	電泳移動性試驗
end-blocking protein	封端蛋白	封閉蛋白
endocrine	内分泌	内分泌
endocrine signaling	内分泌信号传送	内分泌訊息傳遞
endocycle	核内周期	内環
endocytic-exocytic cycle	吞排循环	吞排循環

英　文　名	大　陆　名	台　湾　名
endocytic pathway	胞吞途径	内吞途徑
endocytosis	胞吞[作用]，内吞作用	胞吞作用
endoderm	内胚层	内胚層
endoduplication	核内倍增	核内複製
endogamy	亲近繁殖	同系交配
endomembrane system	内膜系统	内膜系統
endomitosis	核内有丝分裂	核内有絲分裂
endomixis	内融合	内融合
endonuclease	内切核酸酶	核酸内切酶
endoplasm	内质	内質
endoplasmic reticulum（ER）	内质网	内質網
endoplast	内质体	内質體
endopolyploid	核内多倍体	核内多倍體
endopolyploidy	核内多倍性	核内多倍性
endoreduplication	核内再复制	核内再複製
endosome	内[吞]体	食物小胞，吞噬小體， 核内體
endosperm	胚乳	胚乳
endosperm culture	胚乳培养	胚乳培養
endostatin	[血管]内皮抑制蛋白， [血管]内皮细胞抑 制素	内皮抑制素
endosymbiant（=endosymbiont）	内共生体	内共生體
endosymbiont	内共生体	内共生體
endosymbiosis（=intracellular symbiosis）	胞内共生	胞内共生，内共生現象
endosymbiotic hypothesis	内共生学说	内共生學說
enhancer	增强子	增強子，强化子
enhancer binding protein	增强子结合蛋白	增強子結合蛋白
enhancesome	增强体	增強體
enhanson	增强子单元	增強子單元
enkephalin	脑啡肽	腦啡肽
entactin（=nidogen）	巢蛋白，哑铃蛋白	巢蛋白，内動素
enterovirus	肠道病毒	腸病毒
entry site	进入位点	進入位點
enucleation	去核	去核，无核
enzyme cytochemistry	酶细胞化学	酵素細胞化學
enzyme immunoassay（EIA）	酶免疫测定	酵素免疫测定，酵素免 疫分析法

英　文　名	大　陆　名	台　湾　名
enzyme inhibitor	酶抑制剂	酵素抑制劑
enzyme-linked immunosorbent assay（ELISA）	酶联免疫吸附测定	酶聯免疫吸附試驗，酵素連結免疫吸附法
enzyme-linked receptor	酶联受体	酶聯受體，酵素連結性受體
eosinophil	嗜酸性粒细胞	嗜酸性白血球，嗜伊紅白血球，嗜酸性球
ephrin	肝配蛋白	ephrin 蛋白
ephrin receptor	肝配蛋白受体	Eph 受體
epiblast	上胚层	上胚層
epiboly	外包	外包
epidermal cell	表皮细胞	表皮細胞
epidermal growth factor（EGF）	表皮生长因子	表皮生長因子
epidermal growth factor receptor（EGF receptor）	表皮生长因子受体	表皮生長因子受體
epigenesis	后成说，渐成论	後生說，漸成論
epigenetics	表观遗传学	表現遺傳學
epi-illumination microscope	落射光显微镜	表面激發顯微鏡
epinemin	丝连蛋白	連絲蛋白
episome	附加体，游离基因	游離基因體，附加體
epithelial cell	上皮细胞	上皮細胞
epithelial stem cell	上皮干细胞	上皮幹細胞
epitope	表位	表位，抗原決定基
EPO（=erythropoietin）	[促]红细胞生成素	紅血球生成素
equal division	均等分裂	均等分裂
equatorial cleavage	赤道面分裂	赤道面分裂
equatorial plane	赤道面，赤道板	赤道板，中期板
equatorial plate（=equatorial plane）	赤道面，赤道板	赤道板，中期板
ER（=endoplasmic reticulum）	内质网	内質網
ergastoplasm	动质	動質
ER retention protein	内质网驻留蛋白	内質網駐留蛋白
ER retention signal	内质网驻留信号	内質網駐留訊號
ER retrieval signal	内质网回收信号	内質網回收訊號
ER signal sequence	内质网信号序列	内質網訊號序列
erythrocyte	红细胞	紅血球
erythrocyte ghost	红细胞血影	紅血球造影
erythropoietin（EPO）	[促]红细胞生成素	紅血球生成素
ES cell（=embryonic stem cell）	胚胎干细胞	胚胎幹細胞

英　文　名	大　陆　名	台　湾　名
E site (=exit site)	出口位，E 位	E 位，退出位
esterase	酯酶	脂水解酶
ethidium bromide	溴化乙锭	溴化乙錠
N-ethylmaleimide-sensitive fusion protein (NSF)	*N*-乙基马来酰亚胺敏感性融合蛋白，*N*-乙基顺丁烯二酰亚胺敏感性融合蛋白	*N*-乙基順丁烯二醯亞胺敏感融合蛋白
etioplast	黄化质体	黄化質體
eubacterium	真细菌	真細菌
eucaryote (=eukaryote)	真核生物	真核生物
euchromatin	常染色质	真染色質
euchromosome (=autosome)	常染色体	常染色體，體染色體
eukaryocyte (=eukaryotic cell)	真核细胞	真核細胞
eukaryon	真核	真核
eukaryote	真核生物	真核生物
eukaryotic cell	真核细胞	真核細胞
eukaryotic initiation factor	真核生物起始因子	真核生物起始因子
euploid	整倍体	整倍體
euploidy	整倍性	整倍性
evolutionary embryology	进化胚胎学	演化胚胎學
excisionase	切除酶	切除酶
exconjugant	接合后体	接合後體
excrine (=exocrine)	外分泌	外分泌
exine	花粉外壁	花粉外壁
exit site (E site)	出口位，E 位	E 位，退出位
exocrine	外分泌	外分泌
exocytosis	胞吐[作用]，外排作用	胞吐作用，胞外分泌
exon	外显子	外顯子，表現序列
exonuclease	外切核酸酶	核酸外切酶
exoplasm (=ectoplasm)	外质	外質
exoplasmic face	质膜外面	外質膜面
exosome	①外排体 ②外切体	①外來體 ②外體
exospore	孢子外壁	孢子外壁
explant	①外植块 ②外植体	①組織塊 ②培植體
explantation	外植	移植
exportin	[核]输出蛋白	輸出蛋白
expressor	[基因]表达子	表達子
extein	外显肽	外顯蛋白

英 文 名	大 陆 名	台 湾 名
extensin	伸展蛋白	伸展蛋白
extine (=exine)	花粉外壁	花粉外壁
extracellular matrix (ECM)	[细]胞外基质	[細]胞外基質
extracellular matrix receptor	[细]胞外基质受体	[細]胞外基質受體
extrachromosome	额外染色体	額外染色體
extrinsic protein	[膜]外在蛋白质	膜外在蛋白
eyepiece	目镜	目鏡
eyepiece micrometer (=ocular micrometer)	目镜测微尺	目鏡測微尺，目鏡測微器

F

英 文 名	大 陆 名	台 湾 名
facilitated diffusion	易化扩散，促进扩散，协助扩散	促進擴散
facilitated transport	易化运输	促進[性]運輸
FACS (=fluorescence-activated cell sorting)	荧光激活细胞分选法	螢光活化細胞分離法
F-actin (=filamentous actin)	纤丝状肌动蛋白，F肌动蛋白	絲狀纖維激動蛋白
σ factor	σ 因子	σ 因子
ρ factor	ρ 因子	ρ 因子
facultative heterochromatin	兼性异染色质，功能性异染色质	兼性異染色質
facultative parthenogenesis	兼[性]孤雌生殖	兼性孤雌生殖
FAD (=flavin adenine dinucleotide)	黄素腺嘌呤二核苷酸	黃素腺嘌呤二核苷酸
FADH$_2$ (=reduced flavin adenine dinucleotide)	还原型黄素腺嘌呤二核苷酸	還原型黃素腺嘌呤二核苷酸
FAK (=focal adhesion kinase)	黏着斑激酶	點狀黏附激酶
fast green	固绿	固綠
fate map	命运图	囊胚發育圖
FC (=fibrillar center)	[核仁]纤维中心	纖維中心
FCA (=Freund's complete adjuvant)	弗氏完全佐剂	佛氏完全佐劑
FCM (=①flow cytometry ②flow cytometer)	①流式细胞术 ②流式细胞仪	①流式細胞分析 ②流式細胞儀
Fc receptor	Fc 受体	Fc 受體
FDA (=fluorescein diacetate)	二乙酸荧光素	二乙酸螢光素
feeder cell	饲养细胞	飼養細胞

英　文　名	大　陆　名	台　湾　名
feeder layer	饲养层	飼養層
female gamete	雌配子	雌配子
female pronucleus	雌[性]原核	卵原核，雌原核
ferritin	铁蛋白	鐵蛋白
fertility factor	致育因子	致育因子
fertilization	受精	受精[作用]
fertilized egg	受精卵	受精卵
fetal calf serum	胎牛血清	胎牛血清
Feulgen reaction	福尔根反应	福爾根反應
F-factor	F 因子	F 因子
F_0F_1-ATPase	F_0F_1-ATP 酶	F_0F_1-ATP 酶
F_0F_1 complex	F_0F_1 复合物	F_0F_1 複合體
FGF（=fibroblast growth factor）	成纤维细胞生长因子	纖維母細胞生長因子
FIA（=Freund's incomplete adjuvant）	弗氏不完全佐剂	佛氏不完全佐劑
fiber	纤维	纖維
fibril	原纤维	纖絲
fibrillar center（FC）	[核仁]纤维中心	纖維中心
fibrillarin	[核仁]纤维蛋白	纖維絲蛋白
fibrin	血纤蛋白	血纖維蛋白
fibroblast	成纤维细胞	纖維母細胞
fibroblast growth factor（FGF）	成纤维细胞生长因子	纖維母細胞生長因子
fibroin	丝心蛋白	絲心蛋白
fibronectin	纤连蛋白	纖維黏連蛋白
fibrous corona	纤维冠	纖維冠
filaggrin	聚丝蛋白	絲聚蛋白
filament	丝	絲狀纖維
filamentous actin（F-actin）	纤丝状肌动蛋白，F 肌动蛋白	絲狀纖維激動蛋白
filament severing protein	纤丝切割蛋白	絲狀纖維切割蛋白
filamin	细丝蛋白	絲蛋白
filensin	晶状体丝蛋白	晶狀體絲蛋白
filopodia（复）（=filopodium）	丝足	絲狀偽足，足絲
filopodium	丝足	絲狀偽足，足絲
fimbrillin（=pilin）	菌毛蛋白，伞毛蛋白	纖毛蛋白，繸緣蛋白
fimbrin	丝束蛋白	絲束蛋白，毛蛋白
fimbrium（=pilus）	菌毛，伞毛	纖毛
finite cell line	有限细胞系	有限細胞系
FISH（=fluorescence *in situ* hybridization）	荧光原位杂交	螢光原位雜交

英　文　名	大　陆　名	台　湾　名
fission (=fissiparity)	裂体生殖	分裂[生殖]
fissiparity	裂体生殖	分裂[生殖]
FITC (=fluorescein isothiocyanate)	异硫氰酸荧光素	異硫氰酸螢光素
fixation	固定	固定
fixative	固定剂	固定劑
fixed cell culture	固定细胞培养	固定細胞培養
fixed phase	固定相	固定相
flagellae (复) (=flagellum)	鞭毛	鞭毛
flagellin	鞭毛蛋白	鞭毛蛋白
flagellum	鞭毛	鞭毛
flask culture	培养瓶培养	培養瓶培養
flavin adenine dinucleotide (FAD)	黄素腺嘌呤二核苷酸	黃素腺嘌呤二核苷酸
flavin mononucleotide (FMN)	黄素单核苷酸	黃素單核苷酸
flavoprotein (FP)	黄素蛋白	黃素蛋白
flip-flop mechanism	滚翻机制，翻转机制	翻轉機制
flippase	翻转酶	翻轉酶
flow cell sorter	流式细胞分选仪	流式細胞分離儀
flow cytometer (FCM)	流式细胞仪	流式細胞儀
flow cytometry (FCM)	流式细胞术	流式細胞分析
flower culture	花器官培养	花器官培養
flow phase liquid chromatography (FPLC)	流相液体层析	流相液態層析法
flp-frp recombinase	flp-frp 重组酶	flp-frp 重組酶
fluorescein	荧光素	螢光素
fluorescein diacetate (FDA)	二乙酸荧光素	二乙酸螢光素
fluorescein isothiocyanate (FITC)	异硫氰酸荧光素	異硫氰酸螢光素
fluorescence-activated cell sorting (FACS)	荧光激活细胞分选法	螢光活化細胞分離法
fluorescence in situ hybridization (FISH)	荧光原位杂交	螢光原位雜交
fluorescence microscope	荧光显微镜	螢光顯微鏡
fluorescence photobleaching recovery (FPR)	荧光漂白恢复	螢光漂白恢復
fluorescence recovery after photobleaching (FRAP)	光漂白荧光恢复技术	光漂白後螢光恢復技術
fluorescent antibody technique	荧光抗体技术	螢光抗體技術
fluorescent dye	荧光染料	螢光物
fluorescent probe	荧光探针	螢光探針
fluorochrome (=fluorescent dye)	荧光染料	螢光物
fMet-tRNA (=formylmethionyl-tRNA)	甲酰甲硫氨酰 tRNA	甲醯甲硫胺酸 tRNA
FMN (=flavin mononucleotide)	黄素单核苷酸	黃素單核苷酸

英 文 名	大 陆 名	台 湾 名
focal adhesion (=plaque)	黏着斑	黏著斑，點狀黏附
focal adhesion kinase (FAK)	黏着斑激酶	點狀黏附激酶
focal contact (=plaque)	黏着斑	黏著斑，點狀黏附
formylmethionyl-tRNA (fMet-tRNA)	甲酰甲硫氨酰 tRNA	甲醯甲硫胺酸 tRNA
founder cell	生成细胞，奠基细胞	建立者細胞
FP (=flavoprotein)	黄素蛋白	黃素蛋白
FPLC (=flow phase liquid chromatography)	流相液体层析	流相液態層析法
FPR (=fluorescence photobleaching recovery)	荧光漂白恢复	螢光漂白恢復
fragmin	片段化蛋白	片段化蛋白
frame shift	移码	移碼，框構轉移
FRAP (=fluorescence recovery after photobleaching)	光漂白荧光恢复技术	光漂白後螢光恢復技術
free diffusion	自由扩散	自由擴散
free energy	自由能	自由能
free radical	自由基	自由基
freeze cleaving (=freeze fracturing)	冷冻断裂，冷冻撕裂	冷凍斷裂，冷凍裂解
freeze cracking (=freeze fracturing)	冷冻断裂，冷冻撕裂	冷凍斷裂，冷凍裂解
freeze etching	冷冻蚀刻，冰冻蚀刻	冷凍蝕刻
freeze fracture etching replication	冷冻断裂蚀刻复型技术	冷凍斷裂蝕刻複製技術
freeze fracturing	冷冻断裂，冷冻撕裂	冷凍斷裂，冷凍裂解
freeze substitution	冷冻置换	冷凍置換
freezing microtomy	冷冻切片术	冷凍切片術
Freund's adjuvant	弗氏佐剂	佛氏佐劑，胡氏佐助劑
Freund's complete adjuvant (FCA)	弗氏完全佐剂	佛氏完全佐劑
Freund's incomplete adjuvant (FIA)	弗氏不完全佐剂	佛氏不完全佐劑
F-type ATPase	F 型 ATP 酶	F 型 ATP 酶
fucoxanthin	藻褐素，墨角藻黄素，岩藻黄质	岩藻黃素
functional genomics	功能基因组学	功能基因體學，功能基因組學
fungi (复) (=fungus)	真菌	真菌
fungus	真菌	真菌
fusin	融合病毒蛋白	融合病毒蛋白
fusion protein	融合蛋白	融合蛋白

G

英 文 名	大 陆 名	台 湾 名
G-actin (=globular actin)	球状肌动蛋白，G 肌动蛋白	球狀肌動蛋白，G 肌動蛋白
GADD (=growth arrest and DNA damage)	生长阻滞和 DNA 损伤	生長停滯及 DNA 損傷
galactan	半乳聚糖	半乳聚醣
gametangium	配子囊	配子囊
gamete	配子	配子
gametocyte	配子母细胞，生殖母细胞	配[子]母細胞
gametogamy	配子生殖	配子結合
gametogenesis	配子发生	配子形成
gametophyte	配子体	配子體
GAP (=GTPase-activating protein)	GTP 酶激活蛋白	GTP 酶活化蛋白
gap gene	裂隙基因	缺口基因
gap junction	间隙连接，缝隙连接	縫隙連接，隙型連結
gas chromatography (GC)	气相层析	氣相層析
gastrula	原肠胚	原腸胚
gastrulation	原肠胚形成，原肠作用	原腸胚形成
gated ion channel	门控离子通道	閘控[型]離子通道
gated transport	门控运输	門控運輸
G-banding	G 显带，G 分带	G 帶
GC (=①granular component ②gas chromatography)	①颗粒组分 ②气相层析	①顆粒組成份 ②氣相層析
G-CSF (=granulocyte colony stimulating factor)	粒细胞集落刺激因子	顆粒球群落刺激因子
GDI (=guanine nucleotide dissociation inhibitor)	鸟嘌呤核苷酸解离抑制蛋白	鳥[糞]嘌呤核苷酸解離抑制蛋白
GEF (=guanine nucleotide-exchange factor)	鸟嘌呤核苷酸交换因子	鳥嘌呤核苷酸交換因子
gel chromatography	凝胶层析	凝膠層析
gel electrophoresis	凝胶电泳	凝膠電泳
gel filtration	凝胶过滤	凝膠過濾
gel filtration chromatography (GFC)	凝胶过滤层析	凝膠過濾層析
gel permeation chromatography (GPC)	凝胶渗透层析	凝膠滲透層析
gelsolin	凝溶胶蛋白	溶膠蛋白，凝膠溶素
geminin	双能蛋白，孪蛋白	雙能蛋白，孿蛋白

英 文 名	大 陆 名	台 湾 名
GenBank（=gene bank）	基因库	基因庫
gene	基因	基因
gene amplification	基因扩增	基因擴增，基因增殖，基因複製
gene bank	基因库	基因庫
gene chip	基因芯片	基因晶片
gene cloning	基因克隆	基因選殖
gene delivery	基因递送	基因傳送
gene diagnosis	基因诊断	基因診斷
gene expression	基因表达	基因表現
gene gun	基因枪	基因槍
gene knock-down	基因敲减，基因敲落	基因失活，基因弱化
gene knock-in	基因敲入	基因送入
gene knock-out	基因敲除，基因剔除	基因剔除，基因移除
gene knock-out mouse	基因敲除小鼠	基因剔除小鼠
gene library	基因文库	基因資料庫，基因庫
gene linkage	基因连锁	基因連鎖
gene localization	基因定位	基因定位
gene map	基因图[谱]	基因圖
gene mapping	基因作图	基因作圖
gene mutation	基因突变	基因突變
general transcription factor	通用转录因子	一般轉錄因子
generative cell（=germ cell）	生殖细胞	生殖細胞，增殖細胞
generative nucleus	生殖核	生殖核
gene rearrangement	基因重排	基因重排
gene regulatory protein	基因调节蛋白	基因調控蛋白
gene substitution	基因置换	基因置換
gene targeting	基因靶向，基因打靶	基因標的，基因標靶
gene therapy	基因治疗	基因治療，基因療法
genetic code	遗传密码	遺傳密碼
genetic engineering	遗传工程，基因工程	遺傳工程
genetic engineering antibody	遗传工程抗体，重组抗体	遺傳工程抗體
genetic map	遗传图	遺傳圖
gene tracking	基因跟踪	基因追蹤
gene transfer	基因转移	基因轉移
gene trap	基因捕获	基因捕獲
genital ridge	生殖嵴	生殖嵴

英　文　名	大　陆　名	台　湾　名
genome	基因组	基因體
genome project	基因组计划	人類基因體計畫
genomic control	基因组调控	基因體調控
genomic library	基因组文库	基因體資料庫
genomics	基因组学	基因體學
genomic walking	基因组步查，基因组步移	基因體步查，基因體步移
genonema	基因线，基因带	基因線
genophore (=genonema)	基因线，基因带	基因線
germ band	胚带	胚帶
germ cell	生殖细胞	生殖細胞，增殖細胞
germinal disc (=blastodisc)	胚盘	胚盤
germinal membrane	胚膜	胚膜
germinal spot	胚斑	胚斑
germinal vesicle	生发泡	胚泡
germ layer	胚层	胚層
germ line	种系，生殖细胞谱系	生殖細胞系，種系
germ plasm	①种质②生殖质	種質
germ plasm theory	种质学说	種質學說
GF (=growth factor)	生长因子	生長因子
GFAP (=glial fibrillary acidic protein)	胶质细胞原纤维酸性蛋白	神經膠質纖維酸性蛋白
GFC (=gel filtration chromatography)	凝胶过滤层析	凝膠過濾層析
GFP (=green fluorescent protein)	绿色荧光蛋白	綠色螢光蛋白
GH (=growth hormone)	促生长素，生长激素	生長激素
ghost	血影	血影，影細胞
giant chromosome	巨大染色体，巨型染色体	巨大染色體
Giemsa stain	吉姆萨染液	吉氏染料，吉氏染色
glass bead culture	玻璃珠培养	玻璃珠培養系統
glial cell	胶质细胞	神經膠細胞，膠細胞
glial fibril acidic protein filament	神经胶质丝	神經膠質絲
glial fibrillary acidic protein (GFAP)	胶质细胞原纤维酸性蛋白	神經膠質纖維酸性蛋白
glioblast (=spongioblast)	成胶质细胞	成膠質細胞，海綿絲原細胞
globular actin (G-actin)	球状肌动蛋白，G肌动蛋白	球狀肌動蛋白，G肌動蛋白

英　文　名	大　陆　名	台　湾　名
glucocorticoid receptor	糖皮质激素受体	腎上腺醣皮質激素受體
glucocorticoid response element	糖皮质激素应答元件	腎上腺醣皮質激素反應元素
glucose	葡萄糖	葡萄糖
glucuronidase	葡糖醛酸糖苷酶	葡萄糖醛酸酶
glutathione (GSH)	谷胱甘肽	麩胱甘肽，麩胱氨酸
glutathione peroxidase (GPX)	谷胱甘肽过氧化物酶	麩胱氨酸過氧化酶
glutathione-S-transferase (GST)	谷胱甘肽 S-转移酶	麩胱氨酸 S-轉化酶
N-glycanase	N-聚糖酶	N-聚糖酶
glycerophosphatide	甘油磷脂	甘油磷脂
glycocalyx	糖萼	臘梅糖，多被多糖
glycogen	糖原	肝醣
glycolipid	糖脂	糖脂質
glycophorin	血型糖蛋白	血型糖蛋白
glycoprotein	糖蛋白	糖蛋白，醣蛋白
glycosaminoglycan	糖胺聚糖	糖胺聚醣
glycosylation	糖基化	糖基化，醣基化
N-glycosylation	N-糖基化	N-糖基化
O-glycosylation	O-糖基化	O-糖基化
glycosylphosphatidylinositol (GPI)	糖基磷脂酰肌醇	糖基磷脂醯肌醇
glycosylphosphatidylinositol-anchored protein	糖基磷脂酰肌醇锚定蛋白	糖基磷脂醯肌醇固著蛋白
glycosyltransferase	糖基转移酶	糖基轉移酶
glyoxysome	乙醛酸循环体	乙醛酸循環體
GM-CSF (=granulocyte-macrophage colony stimulating factor)	粒细胞-巨噬细胞集落刺激因子	顆粒球-巨噬細胞群落刺激因子
Goldberg-Hogness box	戈德堡-霍格内斯框	戈德堡-霍格内斯框
gold grid culture	金属格栅培养	金屬格柵培養
Golgi apparatus (=Golgi body)	高尔基[复合]体	高基[氏]體
Golgi body	高尔基[复合]体	高基[氏]體
Golgi complex (=Golgi body)	高尔基[复合]体	高基[氏]體
GPC (=gel permeation chromatography)	凝胶渗透层析	凝膠滲透層析
G_0 phase	G_0 期	G_0 期
G_1 phase	G_1 期	G_1 期
G_2 phase	G_2 期	G_2 期
G_1 phase checkpoint	G_1 检查点，G_1 关卡	G_1 檢查點，G_1 關卡
G_2 phase checkpoint	G_2 检查点，G_2 关卡	G_2 檢查點，G_2 關卡

英　文　名	大　陆　名	台　湾　名
GPI（=glycosylphosphatidylinositol）	糖基磷脂酰肌醇	糖基磷脂醯肌醇
G-protein	G 蛋白	G 蛋白
G-protein coupled receptor	G 蛋白偶联受体	G 蛋白-耦合受體
GPX（=glutathione peroxidase）	谷胱甘肽过氧化物酶	麩胱氨酸過氧化酶
gradient plate	梯度培养板	梯度培養盤
grafting	嫁接	移植
graft rejection	移植物排斥	移植物排斥
grana（复）（=granum）	基粒	基粒
grana lamella	基粒片层	基粒薄片
granular component（GC）	颗粒组分	顆粒組成份
granulocrine	颗粒性分泌	顆粒性分泌
granulocyte	粒细胞，有粒白细胞	顆粒球，顆粒白血球
granulocyte colony stimulating factor（G-CSF）	粒细胞集落刺激因子	顆粒球群落刺激因子
granulocyte-macrophage colony stimulating factor（GM-CSF）	粒细胞-巨噬细胞集落刺激因子	顆粒球-巨噬細胞群落刺激因子
granulosa cell	卵泡细胞，颗粒细胞	顆粒性細胞，顆粒層細胞
granum	基粒	基粒
granum-thylakoid	基粒类囊体	基粒類囊體
gray crescent	灰色新月	灰色新月
green fluorescent protein（GFP）	绿色荧光蛋白	綠色螢光蛋白
GRF（=①guanine nucleotide release factor ②growth hormone-releasing factor）	①鸟嘌呤核苷酸释放因子　②生长激素释放因子	①鳥嘌呤核苷酸釋放因子　②生長激素釋放因子
grid	载网	載網
gRNA（=guide RNA）	指导 RNA	導引 RNA
growth arrest and DNA damage（GADD）	生长阻滞和 DNA 损伤	生長停滯及 DNA 損傷
growth cone	生长锥	生長錐
growth factor（GF）	生长因子	生長因子
growth hormone（GH）	促生长素，生长激素	生長激素
growth hormone-releasing factor（GRF）	生长激素释放因子	生長激素釋放因子
growth point	生长点	生長點
GSH（=glutathione）	谷胱甘肽	麩胱甘肽，麩胱氨酸
GST（=glutathione-*S*-transferase）	谷胱甘肽 *S*-转移酶	麩胱氨酸 *S*-轉化酶
GTPase-activating protein（GAP）	GTP 酶激活蛋白	GTP 酶活化蛋白
GTP-binding protein	GTP 结合蛋白	GTP 結合蛋白
guanine nucleotide binding protein	鸟嘌呤核苷酸结合蛋	鳥[糞]嘌呤核苷酸結

英　文　名	大　陆　名	台　湾　名
	白	合蛋白
guanine nucleotide dissociation inhibitor （GDI）	鸟嘌呤核苷酸解离抑制蛋白	鳥[糞]嘌呤核苷酸解離抑制蛋白
guanine nucleotide-exchange factor（GEF）	鸟嘌呤核苷酸交换因子	鳥嘌呤核苷酸交換因子
guanine nucleotide release factor（GRF）	鸟嘌呤核苷酸释放因子	鳥嘌呤核苷酸釋放因子
guanylate cyclase（cGMPase）	鸟苷酸环化酶	鳥苷酸環化酶
guard cell	保卫细胞	保衛細胞
guide RNA（gRNA）	指导 RNA	導引 RNA
gymnoplast	裸质体	裸質體
gynogenesis	单雌生殖，雌核发育	無雄核受精，雌核生殖，雌核發育
gynomerogony	雌核卵块发育	雌性卵片發育
gynospore	雌孢子	雌孢子

H

英　文　名	大　陆　名	台　湾　名
haemacytometer	血细胞计数器	血球計數器
haematoxylin	苏木精，苏木素	蘇木素，蘇木精
haemocyanin	血蓝蛋白	血藍蛋白
haemocyte	血细胞	血細胞
haemoglobin（Hb）	血红蛋白	血紅蛋白
haemolysis	溶血	溶血
β-hairpin	β 发夹	β 髮夾
hanging drop culture	悬滴培养	懸滴培養
H-2 antigen	H-2 抗原	H-2 抗原
haploid	单倍体	單倍體
haploid parthenogenesis	单倍孤雌生殖	單倍孤雌生殖
haploidy	单倍性	單倍性
hapten	半抗原	半抗原
hapten-carrier complex	半抗原载体复合物	半抗原載體複合體
HAT（=histone acetyltransferase）	组蛋白乙酰转移酶	組織蛋白乙醯基轉移酶
Hatch-Slack pathway（=C₄ pathway）	C_4 途径	四碳途徑，海奇-史萊克途徑
HAT medium	HAT 培养液	HAT 培養液

英　文　名	大　陆　名	台　湾　名
haustorium	吸器	吸器
Hb (=haemoglobin)	血红蛋白	血紅蛋白
hb gene (=*hunchback* gene)	驼背基因	*Hunchback* 基因
H-2 complex	H-2 复合体	H-2 複合體
HCP (=Human Cytome Project)	人类细胞组计划	人類細胞體計畫
HDL (=high density lipoprotein)	高密度脂蛋白	高密度脂蛋白
heat shock protein (Hsp)	热激蛋白	熱休克蛋白
heavy chain of antibody	抗体重链，抗体 H 链	抗體重鏈
heavy meromyosin (HMM)	重酶解肌球蛋白	重酶解肌球蛋白
HeLa cell	海拉细胞	HeLa 細胞
helicase (=untwisting enzyme)	解旋酶	解旋酶
α-helix	α 螺旋	α 螺旋，阿法螺旋
helix-destabilizing protein	螺旋去稳定蛋白	螺旋去穩定蛋白
helix-loop-helix motif	螺旋-袢-螺旋结构域，螺旋-环-螺旋模体	螺旋-環-螺旋模體，螺旋-環-螺旋結構域
helix-turn-helix motif	螺旋-转角-螺旋结构域，螺旋-转角-螺旋模体	螺旋-轉角-螺旋模體，螺旋-轉角-螺旋結構域
helper T cell	辅助性 T 细胞	輔助 T 細胞
hematoxylin (=haematoxylin)	苏木精，苏木素	蘇木素，蘇木精
hemicellulose	半纤维素	半纖維素
hemidesmosome	半桥粒	半橋粒
hemikaryon	单倍核	半倍核
hemocyanin (=haemocyanin)	血蓝蛋白	血藍蛋白
hemocyte (=haemocyte)	血细胞	血細胞
hemoglobin (=haemoglobin)	血红蛋白	血紅蛋白
hemolysis (=haemolysis)	溶血	溶血
hemopoietic stem cell (HSC)	造血干细胞	造血幹細胞
hcparan sulfate (HS)	硫酸乙酰肝素，硫酸类肝素	硫酸乙醯肝素
heparin	肝素	肝素
heparin binding growth factor	肝素结合生长因子	肝素結合生長因子
hepatocyte	肝[实质]细胞	肝細胞
heterobrachial inversion	异臂倒位	異臂倒位
heterochromatin	异染色质	異染色質
heterochromosome	异染色体	異染色體
heterogamete	异形配子	異型配子
heterogamy (=anisogamy)	异配生殖	異配生殖，異配結合

英　文　名	大　陆　名	台　湾　名
heterogeneous nuclear RNA（hnRNA）	核内不均一 RNA，核内异质 RNA，不均一核 RNA	異質性核 RNA
heterokaryocyte	异核细胞	異核細胞
heterokaryon	异核体	異核體
heterokinesis	异化分裂	異化分裂
heterophagic lysosome	异噬溶酶体	異噬菌溶體
heterophagic vacuole	异体吞噬泡	異噬菌囊泡
heterophagosome	异[吞]噬体	異噬菌體
heterophagy	异体吞噬	異體吞噬
heteroploid	异倍体	異倍體
heteroploid cell line	异倍体细胞系	異倍體細胞株
heteroploidy	异倍性	異倍性
heterospore	异形孢子	異型孢子
heterospory	孢子异型	異型孢子性
heterotrimeric G-protein	异三聚体 G 蛋白	異三元體 G 蛋白
heterozygote	杂合子	異[基因]型合子，異型接合體
HGP（=Human Genome Project）	人类基因组计划	人類基因體計畫，人類基因圖譜計畫
HGPRT transferase	次黄嘌呤鸟嘌呤磷酸核糖基转移酶	次黃嘌呤鳥嘌呤磷酸核糖基轉移酶
high density lipoprotein（HDL）	高密度脂蛋白	高密度脂蛋白
high mobility group protein（HMG protein）	高速泳动族蛋白，HMG 蛋白	高速泳動群蛋白
high performance liquid chromatography （HPLC）	高效液相层析	高效液相層析法
high pressure liquid chromatography （HPLC）	高压液相层析	高壓液相層析
high speed centrifugation	高速离心	高速離心
high voltage electron microscope	高压电子显微镜	高壓電子顯微鏡
histamine	组胺	組織胺
histocompatibility	组织相容性	組織相容性
histogenesis	组织发生	組織形成
histone	组蛋白	組[織]蛋白
histone acetyltransferase（HAT）	组蛋白乙酰转移酶	組織蛋白乙醯基轉移酶
histone deacetylase	组蛋白脱乙酰酶	組織蛋白去乙醯基酶

英　文　名	大　陆　名	台　湾　名
histone octamer	组蛋白八聚体	組織蛋白八聚體
histotypic culture	组织型培养	組織型培養
HIV (=human immunodeficiency virus)	人类免疫缺陷病毒	人類免疫不全症病毒，人類免疫缺失症病毒，愛滋病毒
HLA (=human leukocyte antigen)	人[类]白细胞抗原	人類白血球抗原
HLA complex (=human leukocyte antigen complex)	人[类]白细胞抗原复合体，HLA 复合体	人類白血球抗原複合體，HLA 複合體
HLA histocompatibility system (=human leukocyte antigen histocompatibility system)	人[类]白细胞抗原组织相容性系统，HLA 组织相容性系统	人類白血球抗原相容系統
HMG-box motif	HMG 框结构域，HMG 框模体	HMG 框模體，HMG 框結構域
HMG protein (=high mobility group protein)	高速泳动族蛋白，HMG 蛋白	高速泳動群蛋白
HMM (=heavy meromyosin)	重酶解肌球蛋白	重酶解肌球蛋白
hnRNA (=heterogeneous nuclear RNA)	核内不均一 RNA，核内异质 RNA，不均一核 RNA	異質性核 RNA
hollow fiber culture	中空纤维培养	中空纖維培養
hollow fiber culture system	中空纤维培养系统	中空纖維培養系統
holoblastic cleavage	完全卵裂	完全卵裂
holocrine	全质分泌	全分泌
homeobox	同源异形框	同源框，同源區
homeobox gene (=homeotic gene)	同源异形基因	同源異型基因
homeodomain	同源异形域	同源異型功能域
homeologous chromosome	部分同源染色体	近同源染色體，同源異型染色體
homeosis	同源异形转化	同源異型轉化
homeotic gene (*Hox* gene)	同源异形基因	同源異型基因
homeotic mutant	同源异形突变体	同源異型突變株
homeotic mutation	同源异形突变，体节转变突变	同源異型突變
homeotic selector gene	同源异形选择者基因	同源異型選擇基因
homoeosis (=homeosis)	同源异形转化	同源異型轉化
homogenizer	匀浆器	均質器
homokaryon	同核体	同核體
homologous chromosome	同源染色体	同源染色體

英　文　名	大　陆　名	台　湾　名
homologous cloning	同源克隆	同源選殖, 同源複製
homotypic fusion	同型融合	同型融合
homozygote	纯合子	同型合子, 同基因合子
hormone	激素	激素, 荷爾蒙
host versus graft reaction	宿主抗移植物反应	宿主抗移植物反應
house-keeping gene	持家基因, 管家基因	持家基因, 看家基因, 常在性基因
Hox gene (=homeotic gene)	同源异形基因	同源異型基因
HPLC (=①high pressure liquid chromatography ②high performance liquid chromatography)	①高压液相层析 ②高效液相层析	①高壓液相層析 ②高效液相層析法
HPP (=Human Proteomics Project)	人类蛋白质组计划	人類蛋白質體計畫
HS (=heparan sulfate)	硫酸乙酰肝素, 硫酸类肝素	硫酸乙醯肝素
HSC (=hemopoietic stem cell)	造血干细胞	造血幹細胞
Hsp (=heat shock protein)	热激蛋白	熱休克蛋白
Human Cytome Project (HCP)	人类细胞组计划	人類細胞體計畫
Human Genome Project (HGP)	人类基因组计划	人類基因體計畫, 人類基因圖譜計畫
human immunodeficiency virus (HIV)	人类免疫缺陷病毒	人類免疫不全症病毒, 人類免疫缺失症病毒, 愛滋病毒
human leukocyte antigen (HLA)	人[类]白细胞抗原	人類白血球抗原
human leukocyte antigen complex (HLA complex)	人[类]白细胞抗原复合体, HLA 复合体	人類白血球抗原複合體, HLA 複合體
human leukocyte antigen histocompatibility system (HLA histocompatibility system)	人[类]白细胞抗原组织相容性系统, HLA 组织相容性系统	人類白血球抗原相容系統
Human Proteomics Project (HPP)	人类蛋白质组计划	人類蛋白質體計畫
humoral immune response	体液免疫应答	體液免疫反應
humoral immunity	体液免疫	體液免疫
hunchback gene (*hb* gene)	驼背基因	*Hunchback* 基因
HU-protein	HU 蛋白, 细菌组蛋白	HU 蛋白
HVR (=hypervariable region)	高变区, 超变区	高變異區
hyalherin	透明质酸黏素	透明質酸黏素, 玻尿酸黏素
hyaloplasm	透明质	透明質
hyaluronan (=hyaluronic acid)	透明质酸	透明質酸, 玻尿酸

英 文 名	大 陆 名	台 湾 名
hyaluronic acid	透明质酸	透明質酸，玻尿酸
hyaluronidase	透明质酸酶	透明質酸酶，玻尿酸酶
hybrid cell	杂交细胞	雜交細胞
hybrid cell line	杂交细胞系	雜交細胞株
hybridization	杂交	杂交，雜合
hybridoma	[淋巴细胞]杂交瘤	雜交瘤，融合瘤
hybridoma cell line	杂交瘤细胞系	融合瘤細胞株
hybridoma technique	[淋巴细胞]杂交瘤技术	融合瘤技術
hydrogen bond	氢键	氫鍵
hydrophilic group	亲水基	親水基
hydrophilicity	亲水性	親水性
hydrophobic bond	疏水键	疏水鍵
hydrophobic effect	疏水效应	疏水效應
hydrophobicity	疏水性	疏水性
hyperploid	超倍体	超倍體
hyperploidy	超倍性	超倍性
hypervariable region(HVR)	高变区，超变区	高變異區
hypoblast	下胚层	下胚層
hypocotyl	下胚轴	下胚軸
hypoploid	亚倍体	缺倍數體，正常倍數體少一、二染色體，低倍體
hypoploidy	亚倍性	缺倍數體性

I

英 文 名	大 陆 名	台 湾 名
Ia antigen(=I region associated antigen)	I区相关抗原，Ia抗原	I區域相關抗原
I band	明带，I带	亮帶，I帶
ICC(=immunocytochemistry)	免疫细胞化学法	免疫細胞化學法
ice nucleation	冰核形成	冰核
ice nucleation protein(INP)	冰核蛋白	冰核蛋白
ICRO(=International Cell Research Organization)	国际细胞研究组织	國際細胞研究組織
idiogamy(=autogamy)	自体受精	自體受精，自交
idiogram(=karyogram)	核型模式图，染色体组型图	染色體圖，染色體組型圖

英　文　名	大　陆　名	台　湾　名
idiotope	独特位	獨特位，個體型抗體
idiotype	独特型	個體基因型
IE（=immunoelectrophoresis）	免疫电泳	免疫電泳
IEM（=immunoelectron microscopy）	免疫电镜术	免疫電子顯微鏡
IEP（=immunoelectrophoresis）	免疫电泳	免疫電泳
IF（=①intermediate filament ②initiation factor）	①中间丝，中间纤维，10nm 丝 ②起始因子	①中間絲 ②起始因子
IFAP（=intermediate filament associated protein）	中间丝结合蛋白	中間絲伴隨蛋白
IFCB（=International Federation for Cell Biology）	国际细胞生物学会联合会	國際細胞生物學會聯合會
IFN（=interferon）	干扰素	干擾素
Ig（=immunoglobulin）	免疫球蛋白	免疫球蛋白
IgA（=immunoglobulin A）	免疫球蛋白 A	免疫球蛋白 A
IgD（=immunoglobulin D）	免疫球蛋白 D	免疫球蛋白 D
IgE（=immunoglobulin E）	免疫球蛋白 E	免疫球蛋白 E
IGF（=insulin-like growth factor）	胰岛素样生长因子	類胰島素生長因子
IgG（=immunoglobulin G）	免疫球蛋白 G	免疫球蛋白 G
IgM（=immunoglobulin M）	免疫球蛋白 M，巨球蛋白	免疫球蛋白 M
IgSF（=immunoglobulin superfamily）	免疫球蛋白超家族	免疫球蛋白大家族
IGSS（=immuno-gold-silver staining）	免疫金-银染色	免疫金-銀染色
IL（=interleukin）	白[细胞]介素	白血球介素，介白素
IL-3（=interleukin-3）	白介素-3	白血球介素-3，介白素-3
image enhanced microscopy	影像增强显微术	影像增強顯微術
image reconstruction	图像重构	影像重現
imaginal disc	成虫盘	成蟲盤
immobilized enzyme	固定化酶	固定化酵素
immortalization	无限增殖化，永生化	胚質不滅，胚質永存性
immune organ	免疫器官	免疫器官
immune serum	免疫血清	免疫血清
immune surveillance	免疫监视	免疫監視
immune system	免疫系统	免疫系統
immunity	免疫[力]	免疫力
immunoaffinity chromatography	免疫亲和层析	免疫親和性層析
immunoblotting	免疫印迹法	免疫轉漬法

英 文 名	大 陆 名	台 湾 名
immunocolloidal gold	免疫胶体金	免疫膠體金
immunocolloidal gold technique	免疫胶体金技术	免疫膠體金技術
immunocyte	免疫细胞	免疫細胞
immunocytochemistry (ICC)	免疫细胞化学法	免疫細胞化學法
immunodiffusion technique	免疫扩散技术	免疫擴散技術
immunoelectron microscopy (IEM)	免疫电镜术	免疫電子顯微鏡
immunoelectrophoresis (IEP, IE)	免疫电泳	免疫電泳
immunoenzymatic technique	免疫酶标技术	酵素免疫技術
immunoferritin technique	免疫铁蛋白技术	免疫鐵蛋白技術
immunofluorescence technique	免疫荧光技术	免疫螢光技術
immunogen	免疫原	免疫原
immunogenicity	免疫原性	免疫原性
immunoglobulin (Ig)	免疫球蛋白	免疫球蛋白
immunoglobulin A (IgA)	免疫球蛋白 A	免疫球蛋白 A
immunoglobulin D (IgD)	免疫球蛋白 D	免疫球蛋白 D
immunoglobulin E (IgE)	免疫球蛋白 E	免疫球蛋白 E
immunoglobulin G (IgG)	免疫球蛋白 G	免疫球蛋白 G
immunoglobulin M (IgM)	免疫球蛋白 M, 巨球蛋白	免疫球蛋白 M
immunoglobulin superfamily (IgSF)	免疫球蛋白超家族	免疫球蛋白大家族
immuno-gold-silver staining (IGSS)	免疫金-银染色	免疫金-銀染色
immuno-gold staining	免疫金染色	免疫金染色
immunohistochemical method (=immuno-histochemistry)	免疫组织化学法	免疫組織化學法
immunohistochemistry	免疫组织化学法	免疫組織化學法
immunological enhancement	免疫促进	免疫促進
immunological memory	免疫记忆	免疫記憶
immunological network	免疫网络	免疫網路
immunological network theory	免疫网络学说	免疫網路學說
immunological tolerance	免疫耐受[性]	免疫耐受性
immunology	免疫学	免疫學
immunoperoxidase staining	免疫过氧化物酶染色	免疫過氧化酶染色
immuno-precipitation	免疫沉淀法	免疫沉澱法
immunotherapy	免疫治疗	免疫治療, 免疫療法
immunotoxin	免疫毒素	免疫毒素
importin	[核]输入蛋白	輸入蛋白
incomplete antigen	不完全抗原	不完全抗原
indigo carmine	靛洋红	靛卡紅, 靛胭脂, 可溶

英　文　名	大　陆　名	台　湾　名
		靛藍
indirect immunofluorescence	间接免疫荧光	間接免疫螢光
induced pluripotent stem cell (iPS cell)	诱导多能干细胞	誘導性多[潛]能幹細胞
inducer	诱导物	誘導物
inducible enzyme	诱导酶	誘導酵素,可誘導型酵素
induction	诱导	誘導
infinite cell line	无限细胞系,连续细胞系	無限細胞株
inflammatory cell	炎症细胞	發炎細胞
informosome	信息体	訊息體
infrared microscope	红外光显微镜	紅外光顯微鏡
initiation codon	起始密码子	起始密碼子
initiation complex	起始复合体	起始複合體
initiation factor (IF)	起始因子	起始因子
innate immunity	固有免疫,先天免疫	先天性免疫
inner cell mass	内细胞团	內細胞團
inner nuclear membrane	内核膜	內核膜
innexin	无脊椎动物连接蛋白	無脊椎動物連接蛋白
inositol triphosphate (IP$_3$)	肌醇三磷酸	肌醇三磷酸
INP (=ice nucleation protein)	冰核蛋白	冰核蛋白
insert	插入片段	插入片段
insertion sequence (IS)	插入序列	插入序列
in situ hybridization	原位杂交	原位雜交
insulin-like growth factor (IGF)	胰岛素样生长因子	類胰島素生長因子
integral protein	整合蛋白质	整合蛋白質
integrin	整联蛋白	整合素
intein	内含肽	內含肽,內隱蛋白
interband	间带	間帶
intercellular adhesion molecule	细胞间黏附分子	細胞間附著分子
intercellular bridge	[细]胞间桥	[細]胞間橋
intercellular space	[细]胞间隙	[細]胞間隙
intercellular transport	胞间运输	[細]胞間運輸
interference microscope	干涉显微镜	干擾顯微鏡
interferon (IFN)	干扰素	干擾素
interkinesis	[减数]分裂间期	分裂間期,間期
interleukin (IL)	白[细胞]介素	白血球介素,介白素

英　文　名	大　陆　名	台　湾　名
interleukin-3 (IL-3)	白介素-3	白血球介素-3，介白素-3
intermediate filament (IF)	中间丝，中间纤维，10nm 丝	中間絲
intermediate filament associated protein (IFAP)	中间丝结合蛋白	中間絲伴隨蛋白
intermembrane space	膜间隙	膜間隙，膜間[腔]
internal fertilization	体内受精	體內受精
International Cell Research Organization (ICRO)	国际细胞研究组织	國際細胞研究組織
International Federation for Cell Biology (IFCB)	国际细胞生物学会联合会	國際細胞生物學會聯合會
internexin	丝联蛋白	介連蛋白
interphase	间期	[分裂]間期
interphase chromosome	间期染色体	間期染色體
intersex	雌雄间体，间性体	間性，雌雄間體
interstitial chiasma	中间交叉	間質交叉
intervening sequence (IVS)	间插序列	介入序列
intine	花粉内壁	花粉内壁
intracellular canaliculus	胞内小管	胞内小管
intracellular receptor	细胞内受体	細胞内受體
intracellular symbiosis	胞内共生	胞内共生，內共生現象
intracellular transport	胞内运输	胞内運輸
intrachromosomal recombination	染色体内重组	染色體内重組
intragenic complementation	基因内互补	基因内互補
intranuclear spindle	核内纺锤体	核内紡錘體
intravital staining (=vital staining)	[体内]活体染色	活體染色
intrinsic protein	[膜]内在蛋白质	膜内蛋白
intron	内含子	内含子，插入序列，介入子
invagination	内陷	内陷
inverse PCR (iPCR)	反向聚合酶链反应，反向 PCR	反向聚合酶連鎖反應
inversion	倒位	倒位
inverted microscope	倒置显微镜	倒立式顯微鏡
in vitro	体外，离体	體外，[離體]試管内
in vitro culture	体外培养	體外培養，離體培養
in vitro fertilization	体外受精	體外人工受精

英　文　名	大　陆　名	台　湾　名
in vivo	体内，在体	活體內
involucrin	内披蛋白，囊包蛋白	包殼蛋白
involution	内卷	内捲，退化
ion channel	离子通道	離子通道
ion exchange chromatography	离子交换层析	離子交換層析法
ion exchange column	离子交换柱	離子交換管柱
ion exchange resin	离子交换树脂	離子交換樹脂
ionophore	离子载体	離子載體
ionotropic receptor	离子通道型受体	離子通道型受體
ion transporter	离子转运蛋白	離子運輸蛋白
IP₃ (=inositol triphosphate)	肌醇三磷酸	肌醇三磷酸
iPCR (=inverse PCR)	反向聚合酶链反应，反向 PCR	反向聚合酶連鎖反應
iPS cell (=induced pluripotent stem cell)	诱导多能干细胞	誘導性多[潛]能幹細胞
I region associated antigen (Ia antigen)	I 区相关抗原，Ia 抗原	I 區域相關抗原
iron-sulfur center	铁硫中心	鐵硫中心
iron-sulfur protein	铁硫蛋白	鐵硫蛋白
IS (=insertion sequence)	插入序列	插入序列
isoacceptor tRNA	同工 tRNA	同工 tRNA
isochromatid break	等位染色单体断裂	等位染色分體斷裂
isochromatid deletion	等位染色单体缺失	等位染色分體缺失
isochromosome	等臂染色体	等臂染色體
isodensity centrifugation	等密度离心	等密度離心
isoelectric focusing electrophoresis	等电点聚焦电泳	等電點聚焦電泳
isogamete	同形配子	同形配子
isogamy	同配生殖	同配生殖，同形配子接合
isospore	同形孢子	同形孢子
isospory	孢子同型	孢子同型
isotype	同种型	同型
IVS (=intervening sequence)	间插序列	介入序列

J

英　文　名	大　陆　名	台　湾　名
Jak-STAT signaling pathway	Jak-STAT 信号传送途径	Jak-STAT 訊號傳遞途徑
Janus green	詹纳斯绿	詹斯綠

英　文　名	大　陆　名	台　湾　名
JNK（=Jun kinase）	Jun 激酶	Jun 激酶
Jun kinase（JNK）	Jun 激酶	Jun 激酶
juxtacrine signaling	近分泌信号传送	旁泌訊息傳遞

K

英　文　名	大　陆　名	台　湾　名
Kap3（=kinesin-associated protein 3）	驱动蛋白相关蛋白 3，Kap3 蛋白	驅動蛋白副屬蛋白 3
kappa light chain	κ 轻链	卡巴輕鏈
karyogamy	核配	核融合
karyogram	核型模式图，染色体组型图	染色體圖，染色體組型圖
karyokinesis	核分裂	細胞核分裂
karyology	细胞核学	細胞核學
karyolymph（=nuclear sap）	核液	核液
karyolysis	核溶解	核溶解
karyomere	核粒	核粒
karyomixis（=nuclear fusion）	核融合	核融合
karyomorphology	核形态学	核形態學
karyopherin	核转运蛋白，核周蛋白	核運輸蛋白
karyophilic protein	亲核蛋白	親核蛋白
karyoplasm（=nucleoplasm）	核质	核質
karyoplast	核体	核質體
karyopyknosis	核固缩	核固縮，染色質濃縮
karyorrhexis（=nuclear fragmentation）	核碎裂	核碎裂
karyoskeleton（=nuclear skeleton）	核骨架	核骨架
karyosphere	核球	核球
karyotaxonomy	核型分类学	核型分類學
karyote	有核细胞	有核細胞
karyotype	核型，染色体组型	核型，染色體組型
karyotyping	核型分析	核型分析
K cell（=killer cell）	杀伤细胞，K 细胞	殺手細胞
KDEL sorting signal	KDEL 分拣信号	KDEL 分揀訊號
keratan sulfate	硫酸角质素	硫酸角質素
keratin	角[质化]蛋白	角[質]蛋白
keratinocyte	角质[形成]细胞	角質細胞
killer cell（K cell）	杀伤细胞，K 细胞	殺手細胞

英　文　名	大　陆　名	台　湾　名
kinase	激酶	激酶
kinectin	驱动蛋白结合蛋白	驅動連接蛋白
kinesin	驱动蛋白	驅動蛋白，傳動素，運動素
kinesin-associated protein 3（Kap3）	驱动蛋白相关蛋白 3，Kap3 蛋白	驅動蛋白副屬蛋白 3
kinetochore	动粒	著絲點
kinetochore domain	动粒域	著絲點功能域
kinetochore fiber	动粒纤维	著絲點纖維
kinetochore microtubule	动粒微管	著絲點微管
kinetodesma	动纤丝	動絲
kinetoplast	动基体	原動小體，動基體
kinetosome	毛基体	動體，[鞭毛的]基體，基粒
km-fiber	km 纤维	km 纖維
Krebs cycle（=tricarboxylic acid cycle）	三羧酸循环，克雷布斯循环	三羧酸循環，克氏循環

L

英　文　名	大　陆　名	台　湾　名
lagging strand	后随链	遲滯股
LAK cell（=lymphokine-activated killer cell）	淋巴因子激活的杀伤细胞，LAK 细胞	淋巴介質活化性殺手細胞
lambda bacteriophage	λ 噬菌体	λ 噬菌體
lambda light chain	λ 轻链	λ 輕鏈
lamellipodium	片足	片狀偽足，瓣狀偽足
lamin	核纤层蛋白	核纖層蛋白，核薄層蛋白
lamin filament	核纤层蛋白丝	薄層細絲
laminin（LN）	层粘连蛋白	層黏蛋白，層黏結蛋白
lampbrush chromosome	灯刷染色体	刷形染色體
Langerhans cell	朗格汉斯细胞	朗格漢氏細胞
large granular lymphocyte（LGL）	大颗粒淋巴细胞	大顆粒淋巴細胞
large-scale culture（=mass culture）	大量培养	大量培養
laser scanning confocal microscope（LSCM）	激光扫描共聚焦显微镜	鐳射掃描共軛焦顯微鏡
late endosome	晚期内体	晚期内體

英　文　名	大　陆　名	台　湾　名
lateral element	侧成分	側成分
latitudinal cleavage	纬裂	緯裂，緯割
LC(=liquid chromatography)	液相层析	液相層析
LDA(=leukocyte differentiation antigen)	白细胞分化抗原	白血球分化抗原
LDL(=low density lipoprotein)	低密度脂蛋白	低密度脂蛋白
LDL receptor(=low density lipoprotein receptor)	低密度脂蛋白受体，LDL 受体	低密度脂蛋白受體
leader(=leader sequence)	前导序列	先導序列
leader peptide(=leading peptide)	前导肽	先導肽
leader sequence	前导序列	先導序列
leading peptide	前导肽	先導肽
leading strand	前导链	領先股
leaf culture	叶培养	葉培養
lecithin	卵磷脂	卵磷脂
lectin	凝集素	凝集素，凝結素，血凝素
lens paper culture	擦镜纸培养	拭鏡紙培養
leptin	瘦蛋白，瘦素	瘦素
leptonema(=leptotene)	细线期	細紐期，線狀染色體期
leptotene	细线期	細紐期，線狀染色體期
leucine zipper	亮氨酸拉链	白胺酸拉鍊
leucine zipper motif(LZ motif)	亮氨酸拉链结构域，亮氨酸拉链模体	白胺酸拉鍊結構域
leucocyte(=white blood cell)	白细胞	白細胞，白血球
leucocyte function-associated antigen (LFA)	白细胞功能相关抗原	白血球功能相關抗原
leucoplast	白色体	白色體
leucoregulin(LR)	白细胞调节素	白血球調控素
leukemia inhibitory factor(LIF)	白血病抑制因子	白血病抑制因子
leukin	白细胞溶菌素	白血球[溶菌]素
leukocyte(=white blood cell)	白细胞	白細胞，白血球
leukocyte differentiation antigen(LDA)	白细胞分化抗原	白血球分化抗原
LFA(=leucocyte function-associated antigen)	白细胞功能相关抗原	白血球功能相關抗原
LGL(=large granular lymphocyte)	大颗粒淋巴细胞	大顆粒淋巴細胞
LHC(=light-harvesting complex)	捕光复合物	光能捕獲複合體
LHR(=lymphocyte homing receptor)	淋巴细胞归巢受体	淋巴細胞歸家受器
LIF(=leukemia inhibitory factor)	白血病抑制因子	白血病抑制因子

英　文　名	大　陆　名	台　湾　名
ligand	配体	配體
ligand-gated ion channel	配体门控离子通道	配體閘控[型]離子通道
ligand-gated receptor	配体门控受体	配體閘控[型]受體
ligase	连接酶	連接酶
light band (=I band)	明带，I 带	亮帶，I 帶
light chain of antibody	抗体轻链，抗体 L 链	抗體輕鏈
light green	亮绿	亮綠
light-harvesting center	捕光中心，集光中心	光能捕獲中心
light-harvesting complex (LHC)	捕光复合物	光能捕獲複合體
light meromyosin (LMM)	轻酶解肌球蛋白	輕酶解肌球蛋白
light microscope	光学显微镜，光镜	光學顯微鏡
light reaction	光反应	光反應
lignin	木质素	木質素
limited cell line (=finite cell line)	有限细胞系	有限細胞系
limiting dilution	有限稀释	限數稀釋法
limit of resolution	分辨限度	鑑別限度，解析度極限
limosphere	顶体球	頂體球
linkage map	连锁图	連鎖圖譜
N-linked oligosaccharide	*N*-连接寡糖	*N*-連接寡糖
O-linked oligosaccharide	*O*-连接寡糖	*O*-連接寡糖
lipid	脂质	脂質
lipid bilayer	脂双层	脂質雙層膜
lipid leaflet	脂单层	脂質單層
lipid raft	脂筏	脂筏
lipophilicity	亲脂性	親脂性
lipopolysaccharide (LPS)	脂多糖	脂多醣
lipoprotein	脂蛋白	脂蛋白
liposome	脂质体	微脂體，微脂粒，脂質體
liquid chromatography (LC)	液相层析	液相層析
liquid culture	液体培养	液體培養
liquid scintillation counter	液体闪烁计数器	液態閃爍計數器
liquid scintillation spectrometer	液体闪烁仪	液態閃爍計數儀
liquid scintillation spectrometry	液体闪烁光谱测定法	液態閃爍分光測定法
LMM (=light meromyosin)	轻酶解肌球蛋白	輕酶解肌球蛋白
LN (=laminin)	层粘连蛋白	層黏蛋白，層黏結蛋白
lobopodium	叶足	葉狀偽足

英　文　名	大　陆　名	台　湾　名
loop	袢，环	環
low density lipoprotein (LDL)	低密度脂蛋白	低密度脂蛋白
low density lipoprotein receptor (LDL receptor)	低密度脂蛋白受体，LDL 受体	低密度脂蛋白受體
low speed centrifugation	低速离心	低速離心
LPS (=lipopolysaccharide)	脂多糖	脂多醣
LR (=leucoregulin)	白细胞调节素	白血球調控素
LSCM (=laser scanning confocal microscope)	激光扫描共聚焦显微镜	鐳射掃描共軛焦顯微鏡
LT (=lymphotoxin)	淋巴毒素	淋巴毒素
lucifer yellow	萤虫黄	螢光黄
luminal subunit	腔内亚单位	管腔内亞單位
luxury gene	奢侈基因	旺勢基因
lymphoblast	淋巴母细胞，原淋巴细胞	淋巴母細胞
lymphocyte	淋巴细胞	淋巴細胞，淋巴球
lymphocyte homing	淋巴细胞归巢	淋巴細胞歸家
lymphocyte homing receptor (LHR)	淋巴细胞归巢受体	淋巴細胞歸家受器
lymphocyte receptor repertoire	淋巴细胞受体谱	淋巴細胞受體譜
lymphokine	淋巴因子	淋巴介質
lymphokine-activated killer cell (LAK cell)	淋巴因子激活的杀伤细胞，LAK 细胞	淋巴介質活化性殺手細胞
lymphoma	淋巴瘤	淋巴瘤
lymphotoxin (LT)	淋巴毒素	淋巴毒素
lysosomal enzyme	溶酶体酶	溶酶體酶
lysosomal storage disease	溶酶体贮积症	溶酶體儲藏疾病
lysosome	溶酶体	溶體，溶酶體，溶小體
lysozyme	溶菌酶	溶菌酶，溶菌酵素
LZ motif (=leucine zipper motif)	亮氨酸拉链结构域，亮氨酸拉链模体	白胺酸拉鍊結構域

M

英　文　名	大　陆　名	台　湾　名
MAC (=mammalian artificial chromosome)	哺乳动物人工染色体	哺乳動物人工染色體
macrogamete	大配子	大配子
macrogamy	大型配子结合	大配子生殖
macronucleus	大核	大核

英　文　名	大　陆　名	台　湾　名
macrophage	巨噬细胞	巨噬細胞
macrophage colony-stimulating factor（M-CSF）	巨噬细胞集落刺激因子	巨噬細胞群落刺激因子
MACS（=magnetically-activated cell sorting）	磁激活细胞分选法	磁性活化細胞分離法
magnetically-activated cell sorting（MACS）	磁激活细胞分选法	磁性活化細胞分離法
magnification	放大率	放大率
major histocompatibility complex（MHC）	主要组织相容性复合体	主要組織相容性複合體
major histocompatibility complex antigen（MHC antigen）	主要组织相容性复合体抗原，MHC 抗原	主要組織相容性複合體抗原，MHC 抗原
male pronucleus	雄原核	雄[性]原核
male pronucleus growth factor（MPGF）	雄原核生长因子	雄原核生長因子
malignant tumor	恶性肿瘤	惡性腫瘤
mammalian artificial chromosome（MAC）	哺乳动物人工染色体	哺乳動物人工染色體
mannan-binding lectin（MBL）	甘露[聚]糖结合凝集素	甘露聚醣結合凝集素
mannose	甘露糖	甘露糖
mannose-6-phosphate	甘露糖-6-磷酸	甘露糖-6-磷酸
MAP（=microtubule-associated protein）	微管相关蛋白质	微管相關蛋白
MAPK（=mitogen-activated protein kinase）	促分裂原活化的蛋白激酶，MAP 激酶	促分裂原活化蛋白激酶，MAP 激酶
marker chromosome	标记染色体	標記染色體
masked messenger RNA	隐蔽 mRNA	掩蔽 mRNA
maskin	掩蔽蛋白	掩蔽蛋白
mass culture	大量培养	大量培養
mast cell	肥大细胞	肥大細胞
maternal-effect gene	母体效应基因	母體效應基因
maternal gene	母体基因	母體效應基因
maternal information	母体信息	母體訊息，母體資訊
mating type	交配型	交配型
matrigel	人工基膜	人工基膜
matrix metalloproteinase（MMP）	基质金属蛋白酶	基質金屬蛋白酶
maturation division	成熟分裂	成熟分裂
maturation promoting factor（MPF）	促成熟因子	成熟促進因子
Maxam-Gilbert DNA sequencing	马克萨姆-吉尔伯特法	馬克薩姆-吉爾伯特法
Maxam-Gilbert method（=Maxam-Gilbert	马克萨姆-吉尔伯特法	馬克薩姆-吉爾伯特法

英　文　名	大　陆　名	台　湾　名
DNA sequencing)		
M band	M线	M帶，M線
MBL（=mannan-binding lectin）	甘露[聚]糖结合凝集素	甘露聚醣結合凝集素
MCAK（=mitotic centromere-associated kinesin）	有丝分裂着丝粒相关驱动蛋白	有絲分裂著絲點相關驅動蛋白
MCC（=mitotic checkpoint complex）	有丝分裂检查点复合体	有絲分裂檢查點複合體
MCP（=monocyte chemotactic protein）	单核细胞趋化蛋白	單核球趨化蛋白
M-CSF（=macrophage colony-stimulating factor）	巨噬细胞集落刺激因子	巨噬細胞群落刺激因子
megakaryocyte	巨核细胞	巨核細胞
megasporangium	大孢子囊	大孢子囊
megaspore	大孢子	大孢子
megaspore mother cell（=megasporocyte）	大孢子母细胞	大孢子母細胞
megasporocyte	大孢子母细胞	大孢子母細胞
megasporogenesis	大孢子发生	大孢子形成
meiosis	减数分裂	減數分裂
melanocyte	黑素细胞	黑色素細胞
melanocyte stem cell	黑素细胞干细胞	黑色素幹細胞
membrane fluidity	膜流动性	[細胞]膜流動性
membrane permeability	膜通透性	膜通透性
membrane potential	膜电位	膜電位
membrane protein	膜蛋白质	膜蛋白
membrane pump	膜泵	膜幫浦
membrane raft	膜筏	膜筏
membrane recycling	膜再循环	膜再循環
memory cell	记忆细胞	記憶細胞
meridional cleavage	经裂	經裂，經割
meristem	分生组织	分生組織
meristematic cell	分生组织细胞	分生組織細胞
meristem culture	分生组织培养	分生組織培養
meroblastic cleavage	不完全卵裂	不完全卵裂
merocrine	局质分泌	局部分泌
merogony	卵块发育	無卵核受精，卵片發生
merokinesis	胞质局部分裂	核片部分分裂，部局分裂
meromyosin	酶解肌球蛋白	酶解肌球蛋白

英　文　名	大　陆　名	台　湾　名
mesenchymal stem cell（MSC）	间充质干细胞	間質幹細胞，間葉幹細胞
mesenchyme	间充质	間葉組織
mesoderm	中胚层	中胚層
mesogamy	中部受精	中點受精
mesophyll	叶肉	葉肉
mesosome	间体，中膜体	間體
mesospore	孢子中壁	孢子中壁
messenger	信使	信使，傳訊者
messenger RNA（mRNA）	信使 RNA	傳訊 RNA，訊息 RNA
metabolic cooperation（=metabolic coupling）	代谢偶联	代謝偶聯
metabolic coupling	代谢偶联	代謝偶聯
metacentric chromosome	中着丝粒染色体	等臂染色體
metachromasia	异染性	異染性
metachromatic dye	异染性染料	異染性染料
metamorphosis	变态	變態
metaphase	中期	中期
metaphase arrest	中期停顿	中期停滯，中期受阻
metaphase plane（=equatorial plane）	赤道面，赤道板	赤道板，中期板
metaplasia	组织转化，化生	轉變，化生
methionine tRNA（tRNA^{met}）	甲硫氨酸 tRNA	甲硫胺酸 tRNA
methotrexate（MTX）（=amethopterin）	氨甲蝶呤	胺甲蝶呤
methylene blue	亚甲蓝	亞甲藍
methylene green	亚甲绿	亞甲綠
methyl green	甲基绿	甲基綠
methyl green-pyronin staining	甲基绿-派洛宁染色	甲基綠-派洛寧染色
methyl violet	甲基紫	甲基紫
MF（=microfilament）	微丝	微絲
MFN1（=mitofusion 1）	线粒体融合蛋白 1	粒線體融合蛋白-1
MFN2（=mitofusion 2）	线粒体融合蛋白 2	粒線體融合蛋白-2
m^{7}GpppN	m^{7}甲基鸟嘌呤核苷	m^{7}甲基鳥嘌呤核苷
MHC（=major histocompatibility complex）	主要组织相容性复合体	主要組織相容性複合體
MHC antigen（=major histocompatibility complex antigen）	主要组织相容性复合体抗原，MHC 抗原	主要組織相容性複合體抗原，MHC 抗原
MHC associative recognition	主要组织相容性复合体联合识别，MHC	主要組織相容性複合體聯合辨識，MHC

英　文　名	大　陆　名	台　湾　名
	联合识别	聯合辨識
MHC protein	主要组织相容性复合体蛋白质	MHC 蛋白
MHC restriction	主要组织相容性复合体限制性，MHC 限制性	主要組織相容性複合體限制
mHsp60	线粒体热激蛋白 p60	粒線體熱休克蛋白 p60
mHsp70	线粒体热激蛋白 p70	粒線體熱休克蛋白 p70
MI（=mitotic index）	有丝分裂指数	有絲分裂指數
microarray	微阵列	微陣列
microautoradiography	显微放射自显影术	微射線自動攝影術
microbody	微体	微體，微粒體
microcapsule culture	微囊培养	微囊培養
microcarrier culture	微载体培养	微載體培養
microcell	微细胞	微型細胞
microcentrum	中心粒团	中心體，動核
microchamber culture	微室培养	微室培養
microchromatography	微量层析	微量層析法
microcinematography	显微电影术	顯微電影照相術
microculture	微量培养	微量培養
microdensitometry	显微光密度测定法	顯微密度量測法
micro-dissection	显微解剖	顯微解剖
microdroplet culture	微滴培养	微滴培養
microelectrophoresis	微量电泳	微量電泳
microfibril	微原纤维	微纖絲
microfilament（MF）	微丝	微絲
microfluorometry	显微荧光测定术	顯微螢光測定術
microfluorophotometry	显微荧光光度术	顯微螢光光度術
microgamete	小配子	小配子
microgamy	小型配子结合	小型配子生殖
β-microglobin	β 微珠蛋白	β 微球蛋白
β-microglobulin	β 微球蛋白	β 微球蛋白
microincineration	显微灰化法	顯微灰化法
microinjection	显微注射	顯微注射
microinjection bombardment	微射轰击	顯微衝擊
micromanipulation	显微操作	顯微操作
micromanipulator	显微操作仪	顯微操作器
micronucleated cell	微核细胞	小核細胞

英　文　名	大　陆　名	台　湾　名
micronucleus	①小核　②微核	小核
microperoxisome	微过氧化物酶体	微過氧化酶體
microphotometer	显微光度计	微光度計
microphotometry	显微光度术	微光度測定法
micropinocytosis	微胞饮	微胞飲作用
micropipette	微量移液器	微量吸管
micropyle	①珠孔　②卵孔	①珠孔　②卵孔
micro RNA (miRNA)	微 RNA	微小 RNA
microsatellite DNA	微卫星 DNA	微從屬 DNA，微衛星 DNA
microscope	显微镜	顯微鏡
microscopic structure	显微结构	顯微結構
microscopy	显微术	顯微術
microsome	微粒体	微粒體
microspectrophotometer	显微分光光度计	顯微分光光度計
microspectrophotometry	显微分光光度术	顯微分光測定法
microspike	微棘，微端丝	微細胞質突起
microspore	小孢子	小孢子
microspore mother cell (=microsporocyte)	小孢子母细胞	小孢子母細胞
microsporocyte	小孢子母细胞	小孢子母細胞
microsporogenesis	小孢子发生	小孢子形成
microsurgical technique	显微外科术	顯微外科術
microtechnique	显微技术	顯微技術
microtome	切片机	切片機
microtrabecular lattice (=microtrabecular network)	微梁网	微條網路
microtrabecular network	微梁网	微條網路
microtubule (MT)	微管	微管
microtubule-associated protein (MAP)	微管相关蛋白质	微管相關蛋白
microtubule organizing center (MTOC)	微管组织中心	微管組織中心
microtubule repetitive protein	微管重复蛋白	微管重複蛋白
microvillus	微绒毛	微絨毛
midbody	中[间]体	中體
MIF (=migration inhibition factor)	移动抑制因子	移動抑制因子
migration inhibition factor (MIF)	移动抑制因子	移動抑制因子
millipore filter	微孔滤器	微孔[過]濾器
Millon reaction	米伦反应	米倫反應
mini cell	小细胞	迷你細胞

英　文　名	大　陆　名	台　湾　名
minichromosome	微型染色体	袖珍染色體
minor histocompatibility antigen	次要组织相容性抗原	次要組織相容性抗原
minus end	负端	負端
miRNA (=micro RNA)	微 RNA	微小 RNA
miscoding	[密码]错编	編碼錯誤
misdivision	错分裂	錯分裂
mitochondria (复) (=mitochondrion)	线粒体	粒線體，線粒體
mitochondrial crista	线粒体嵴	粒線體嵴
mitochondrial cristae-junction model	线粒体嵴膜接口模型	粒線體塯間隙模型
mitochondrial DNA	线粒体 DNA	粒線體 DNA
mitochondrial fusion	线粒体融合	粒線體融合
mitochondrial genome	线粒体基因组	粒線體基因組，粒線體基因體
mitochondrial inner membrane	线粒体内膜	粒線體內膜
mitochondrial matrix	线粒体基质	粒線體基質
mitochondrial membrane permeabilization (MMP)	线粒体膜通透作用	粒線體膜通透性
mitochondrial outer membrane	线粒体外膜	粒線體外膜
mitochondrial permeability transition (MPT)	线粒体通透性转变	粒線體通透性轉換
mitochondrial permeability transition pore (mPTP)	线粒体通透性转变通道	粒線體通透性轉運孔
mitochondrial transmembrane potential	线粒体穿膜电位	粒線體跨膜電位
mitochondriokinesis (=chondriokinesis)	线粒体分裂	粒線體分裂
mitochondrion	线粒体	粒線體，線粒體
mitofusion 1 (MFN1)	线粒体融合蛋白 1	粒線體融合蛋白-1
mitofusion 2 (MFN2)	线粒体融合蛋白 2	粒線體融合蛋白-2
mitogen	促[有丝]分裂原，丝裂原	有絲分裂促進劑，致裂物質
mitogen-activated protein kinase (MAPK)	促分裂原活化的蛋白激酶，MAP 激酶	促分裂原活化蛋白激酶，MAP 激酶
mitogenesis	促分裂作用	促細胞分裂作用
mitoribosome	线粒体核糖体	粒線體核糖體
mitosis	有丝分裂	有絲分裂
mitosis promoting factor (MPF)	有丝分裂促进因子	有絲分裂促進因子
mitosome	纺锤剩体	紡錘剩體
mitotic apparatus	有丝分裂器	有絲分裂器
mitotic center	有丝分裂中心	有絲分裂中心

英　文　名	大　陆　名	台　湾　名
mitotic centromere-associated kinesin (MCAK)	有丝分裂着丝粒相关驱动蛋白	有絲分裂著絲點相關驅動蛋白
mitotic checkpoint complex (MCC)	有丝分裂检查点复合体	有絲分裂檢查點複合體
mitotic cycle	有丝分裂周期	有絲分裂週期
mitotic factor	有丝分裂因子	有絲分裂因子
mitotic index (MI)	有丝分裂指数	有絲分裂指數
mitotic nondisjunction	有丝分裂不分离	有絲分裂不分離
mitotic phase (M phase)	有丝分裂期，M 期	有絲分裂期，M 期
mitotic recombination	有丝分裂重组	有絲分裂重組
mitotic spindle	有丝分裂纺锤体	有絲分裂紡錘體
mixed lymphocyte reacion (MLR)	混合淋巴细胞反应	混合淋巴細胞反應
mixoploid	混倍体	混倍體
mixoploidy	混倍性	混倍性
MLCK (=myosin light chain kinase)	肌球蛋白轻链激酶	肌球蛋白輕鏈激酶
M line (=M band)	M 线	M 帶，M 線
MLR (=mixed lymphocyte reacion)	混合淋巴细胞反应	混合淋巴細胞反應
MMP (=①mitochondrial membrane permeabilization ②matrix metalloproteinase)	①线粒体膜通透作用 ②基质金属蛋白酶	①粒線體膜通透性 ②基質金屬蛋白酶
mobile phase	流动相	流動相
molecular cell biology	分子细胞生物学	分子細胞生物學
molecular chaperone (=chaperone)	分子伴侣	保護者蛋白
molecular cloning	分子克隆化	分子選殖，分子群殖
molecular cytology	分子细胞学	分子細胞學
molecular hybridization	分子杂交	分子雜交
molecular hybridization of nucleic acid	核酸分子杂交	核酸分子雜交
molecular recognition	分子识别	分子辨識
molecular sieve chromatography	分子筛层析	分子篩層析
monad	单分体	單價染色體
monocentric chromosome	单着丝粒染色体	單中節染色體，單著絲點染色體
monocentric division	单极分裂	單極分裂
monoclonal antibody	单克隆抗体	單株抗體，單源抗體
monoclonal antibody technique	单克隆抗体技术	單株抗體技術
monocyte	单核细胞	單核球，單核白血球
monocyte chemotactic protein (MCP)	单核细胞趋化蛋白	單核球趨化蛋白
monoecism	①雌雄同株 ②雌雄同	①雌雄同株 ②雌雄同

英　文　名	大　陆　名	台　湾　名
	体	體
monogenetic reproduction	单亲生殖	單性生殖
monohybrid	单基因杂种	單性[狀]雜種
monokine	单核因子	單核因子
monolayer culture	单层[细胞]培养	單層培養
monomer-sequestering protein	单体隔离蛋白	單體隔離蛋白
monomer-stabilizing protein	单体稳定蛋白	單體穩定蛋白
mononuclear phagocyte system	单核巨噬细胞系统	單核巨噬細胞系統
monoploid	一倍体	單倍體
monopotent stem cell (=unipotent stem cell)	单能干细胞	單潛能幹細胞
monosome	单体	單[染色]體
monosomy	单体性	單[染色]體性
monotypic culture	单型培养	單型培養，單種培養
monovalent (=univalent)	单价体	單價體
morphogen	形态发生素	形態決定素，成形素
morphogenesis	形态发生	形態發生，形態演化
morphogenetic movement	形态发生运动	形態演發運動
morphometric cytology	形态测量细胞学	形態測量細胞學
morphometry	形态计量法	形態測定法
morula	桑椹胚	桑椹胚
mosaic egg	镶嵌[型]卵	嵌合型卵
motif	结构域，模体，基序	模體，模組，功能區域
β-α-β motif	β-α-β 结构域，β-α-β 模体	β-α-β 結構域
motor end plate	运动终板	運動終板
motor protein	马达蛋白质，摩托蛋白质	運動蛋白
movement protein	迁移蛋白质	移動蛋白
moving-zone centrifugation	移动区带离心	移動區帶離心
MPF (=①maturation promoting factor ②mitosis promoting factor ③M phase-promoting factor)	①促成熟因子 ②有丝分裂促进因子 ③M期促进因子	①成熟促進因子 ②有絲分裂促進因子 ③M 期促進因子
MPGF (=male pronucleus growth factor)	雄原核生长因子	雄原核生長因子
M phase (=mitotic phase)	有丝分裂期，M 期	有絲分裂期，M 期
M phase-promoting factor (MPF)	M 期促进因子	M 期促進因子
MPO (=myeloperoxidase)	髓过氧化物酶	骨髓過氧化酶
MPT (=mitochondrial permeability transi-	线粒体通透性转变	粒線體通透性轉換

英　文　名	大　陆　名	台　湾　名
tion)		
mPTP (=mitochondrial permeability transition pore)	线粒体通透性转变通道	粒線體通透性轉運孔
mRNA (=messenger RNA)	信使 RNA	傳訊 RNA，訊息 RNA
mRNA cap binding protein	mRNA 帽结合蛋白质	mRNA 帽結合蛋白質
mRNA exporter	mRNA 输出蛋白	mRNA 輸出蛋白
MSC (=mesenchymal stem cell)	间充质干细胞	間質幹細胞，間葉幹細胞
MT (=microtubule)	微管	微管
MTOC (=microtubule organizing center)	微管组织中心	微管組織中心
MTX (=methotrexate)	氨甲蝶呤	胺甲蝶呤
mucin	黏蛋白	黏蛋白
multi-colony stimulating factor (multi-CSF)	多集落刺激因子	多群落刺激因子
multi-CSF (=multi-colony stimulating factor)	多集落刺激因子	多群落刺激因子
multipolar mitosis	多极有丝分裂	多極有絲分裂
multipotency	多[潜]能性	多能性，複能性
multipotent cell	多[潜]能细胞	多能細胞
multipotential stem cell	多能干细胞	多能幹細胞
multistage regulation system	多级调控体系	多階調控系統
multitray culture	复盘培养	複盤培養
multivalent	多价体	多價體
multivesicular body	多泡体	多泡體
muscle cell	肌肉细胞	肌肉細胞
muscle fiber	肌纤维	肌纖維
muton	突变子	突變元，突變單位
mycoplasma	支原体	菌質體，黴漿菌
myelin	髓磷脂	髓磷質，髓鞘脂
myelin sheath	髓鞘	髓鞘
myeloma cell	骨髓瘤细胞	骨髓瘤細胞
myeloperoxidase (MPO)	髓过氧化物酶	骨髓過氧化酶
myoblast	成肌细胞	肌原細胞，肌母細胞
myocyte	肌细胞	肌細胞
myoepithelial cell	肌上皮细胞	肌上皮細胞
myofiber (=muscle fiber)	肌纤维	肌纖維
myofibril	肌原纤维	肌原纖維
myofibroblast	肌成纤维细胞	肌纖維母細胞

英　文　名	大　陆　名	台　湾　名
myofilament	肌丝	肌絲
myogenin	成肌蛋白，肌细胞生成蛋白，成肌素	肌細胞生成素
myoglobin	肌红蛋白	肌紅蛋白，肌紅素
myoneme	肌线	肌纖維，肌絲
myosin	肌球蛋白	肌凝蛋白，肌球蛋白
myosin filament	肌球蛋白丝	肌凝蛋白絲
myosin light chain kinase（MLCK）	肌球蛋白轻链激酶	肌球蛋白輕鏈激酶
myotube	肌管	肌管

N

英　文　名	大　陆　名	台　湾　名
nacreous wall	珠光壁	珠光壁
NAD（=nicotinamide adenine dinucleotide）	烟酰胺腺嘌呤二核苷酸，辅酶Ⅰ	菸鹼醯胺腺嘌呤二核苷酸，輔酶Ⅰ
NADH（=reduced nicotinamide adenine dinucleotide）	还原型烟酰胺腺嘌呤二核苷酸，还原型辅酶Ⅰ	還原型菸鹼醯胺腺嘌呤二核苷酸，還原型輔酶Ⅰ
NADH-coenzyme Q reductase	NADH-辅酶Q还原酶	NADH-輔酶Q還原酶
NADH-cytochrome b_5 reductase	NADH-细胞色素b_5还原酶	NADH-細胞色素b_5還原酶
NADH dehydrogenase complex	NADH脱氢酶复合体	NADH去氫酶複合體
NADP（=nicotinamide adenine dinucleotide phosphate）	烟酰胺腺嘌呤二核苷酸磷酸，辅酶Ⅱ	菸鹼醯胺腺嘌呤二核苷酸磷酸，輔酶Ⅱ
NADPH（=reduced nicotinamide adenine dinucleotide phosphate）	还原型烟酰胺腺嘌呤二核苷酸磷酸，还原型辅酶Ⅱ	還原型菸鹼醯胺腺嘌呤二核苷酸磷酸，還原型輔酶Ⅱ
NAG（=N-acetylglucosamine）	N-乙酰葡糖胺	N-乙醯葡萄糖胺
naive cell	稚细胞	處女細胞
NAM（=N-acetylmuramic acid）	N-乙酰胞壁酸	N-乙醯[胞]壁酸
NANA（=N-acetylneuraminic acid）	N-乙酰神经氨酸	N-乙醯神經胺酸，唾液酸
natural immunity	天然免疫	天然免疫
natural killer cell（NK cell）	自然杀伤细胞，NK细胞，天然杀伤细胞	自然殺手細胞
natural parthenogenesis	自然孤雌生殖，自然单性生殖	天然單性生殖

英 文 名	大 陆 名	台 湾 名
NCAM (=neural cell adhesion molecule)	神经细胞黏附分子	神經細胞附著分子
nebulin	伴肌动蛋白	伴肌動蛋白
neck body	颈体	頸體
neck region	颈区	頸區
necrosis	坏死	壞死
nectary	蜜腺	蜜腺
negative staining	负染色	負染色
neocytoplasm	新细胞质	新細胞質
neoplasm	赘生物	贅生物，贅瘤
neoplastic transformation	致瘤性转化	贅生轉化
nerve cell	神经细胞	神經細胞
nerve growth factor (NGF)	神经生长因子	神經生長因子
nestin	神经[上皮]干细胞蛋白	中間絲蛋白，巢蛋白
neural cell adhesion molecule (NCAM)	神经细胞黏附分子	神經細胞附著分子
neural crest	神经嵴	神經嵴
neural plate	神经板	神經板
neural stem cell (NSC)	神经干细胞	神經幹細胞
neuroectoderm	神经外胚层	神經外胚層
neurofibril	神经原纤维	神經原纖維
neurofilament	神经丝	神經[微]絲
neurofilament protein (NFP)	神经丝蛋白	神經絲蛋白
neurogenesis	神经发生	神經形成
neuroglial cell	神经胶质细胞	神經膠細胞
neurolemmal cell	神经膜细胞	神經膜細胞
neuromuscular junction	神经肌肉接点	神經肌肉接合點
neuron	神经元	神經元
neuropeptide	神经肽	神經胜肽
neuroplasm	神经胞质	神經漿，神經胞質
neurula	神经胚	神經胚
neurulation	神经胚形成	神經胚形成
neutral red	中性红	中性紅
neutrophil	中性粒细胞	嗜中性白血球，嗜中性球
nexin	微管连接蛋白	微管連接蛋白
NF-κB (=nuclear factor-κB)	核因子 κB	細胞核卡帕 B 因子，核[轉錄]因子 κB
NFP (=neurofilament protein)	神经丝蛋白	神經絲蛋白

英 文 名	大 陆 名	台 湾 名
NGF (=nerve growth factor)	神经生长因子	神經生長因子
NHP (=nonhistone protein)	非组蛋白	非组織蛋白
nick translation	切口平移，切口移位	缺口轉譯，切口移位，缺斷轉譯
nicotinamide adenine dinucleotide (NAD)	烟酰胺腺嘌呤二核苷酸，辅酶 I	菸鹼醯胺腺嘌呤二核苷酸，輔酶 I
nicotinamide adenine dinucleotide phosphate (NADP)	烟酰胺腺嘌呤二核苷酸磷酸，辅酶 II	菸鹼醯胺腺嘌呤二核苷酸磷酸，輔酶 II
nidogen	巢蛋白，哑铃蛋白	巢蛋白，內動素
nigrosine	尼格罗黑，苯胺黑	尼格羅黑，苯胺黑
Nile blue	尼罗蓝	尼羅藍
nitric oxide (NO)	一氧化氮	一氧化氮
nitric oxide synthase (NOS)	一氧化氮合酶	一氧化氮合成酶
NK cell (=natural killer cell)	自然杀伤细胞，NK 细胞，天然杀伤细胞	自然殺手細胞
NLS (=nuclear localization signal)	核定位信号	核定位訊號，落核訊息
NMR (=nuclear magnetic resonance)	核磁共振	核磁共振
NO (=nitric oxide)	一氧化氮	一氧化氮
nodulin	结瘤蛋白	根瘤素
noncyclic electron transport pathway	非循环式电子传递途径	非循環[式]電子傳遞途徑
noncyclic photophosphorylation	非循环光合磷酸化	非循環光合磷酸化
nondenatured polyacrylamide gel electrophoresis	非变性聚丙烯酰胺凝胶电泳	非還原性聚丙烯膠體電泳
non-endosymbiotic hypothesis	非内共生学说，细胞内分化学说	非内共生假說
nonhistone protein (NHP)	非组蛋白	非组織蛋白
nonhomologous chromosome	非同源染色体	非同源染色體
nonpermissive cell	非允许细胞	非允許細胞
nonreceptor tyrosine kinase	非受体酪氨酸激酶	非受體型酪胺酸激酶
nonrepetitive sequence	非重复序列	非重複序列
non-sister chromatid	非姐妹染色单体	非姐妹染色分體，非姊妹染色分體
non-specific immunity	非特异性免疫	非特異性免疫，非專一性免疫
NOR (=nucleolus organizer region)	核仁组织区	核仁組成部
Northern blotting	RNA 印迹法	北方點墨法，北方墨漬法，北方印迹術

英　文　名	大　陆　名	台　湾　名
NOS (=nitric oxide synthase)	一氧化氮酶	一氧化氮合成酶
notochord	脊索	脊索
NSC (=neural stem cell)	神经干细胞	神經幹細胞
NSF (=N-ethylmaleimide-sensitive fusion protein)	N-乙基马来酰亚胺敏感性融合蛋白，N-乙基顺丁烯二酰亚胺敏感性融合蛋白	N-乙基順丁烯二醯亞胺敏感融合蛋白
nuclear assembly	核组装	核組裝
nuclear basket	核篮	核籃
nuclear-cytoplasmic ratio	核质比	核質比
nuclear envelope	核被膜	核被膜，核套膜
nuclear export receptor	核输出受体	核輸出受體
nuclear export signal	核输出信号	核輸出訊號
nuclear extrusion	核穿壁	核突出
nuclear factor kappa-light-chain-enhancer of activated B cell	核因子 κB	細胞核卡帕 B 因子，核[轉錄]因子 κB
nuclear factor-κB (NF-κB) (=nuclear factor kappa-light-chain-enhancer of activated B cell)	核因子 κB	細胞核卡帕 B 因子，核[轉錄]因子 κB
nuclear fragmentation	核碎裂	核碎裂
nuclear fusion	核融合	核融合
nuclear genome	核基因组	核基因體
nuclear import receptor	核输入受体	核輸入受體
nuclear import signal	核输入信号	核輸入訊號
nuclear lamina	核纤层	核內膜蛋白片層
nuclear localization signal (NLS)	核定位信号	核定位訊號，落核訊息
nuclear magnetic resonance (NMR)	核磁共振	核磁共振
nuclear matrix	核基质	核基質
nuclear membrane	核膜	核膜
nuclear mitotic apparatus protein (NuMA)	核内有丝分裂装置蛋白	核有絲分裂構造蛋白
nuclear network (=nuclear reticulum)	核网	核網
nuclear pore	核孔	核孔
nuclear pore complex	核孔复合体	核孔複合體
nuclear receptor	核受体	核受體
nuclear reconstitution	核重建	核重建
nuclear reticulum	核网	核網
nuclear ring	核环，内环	核環
nuclear RNA	核 RNA	核 RNA

英　文　名	大　陆　名	台　湾　名
nuclear sap	核液	核液
nuclear skeleton	核骨架	核骨架
nuclear transplantation	核移植	核移植
nucleating protein	成核蛋白，核化蛋白	核蛋白
nuclei（复）（=nucleus）	[细]胞核，核	細胞核
nucleocapsid	核衣壳，核壳体	核蛋白衣，核鞘
nucleo-cytoplasmic hybrid cell	核质杂种细胞	核質雜交細胞
nucleoid	拟核，类核	擬核，類核
nucleolar associated chromatin	核仁结合染色质	核仁附著染色質
nucleolar chromatin	核仁染色质	核仁染色質
nucleolar-organizing chromosome	核仁组织染色体	核仁組成染色體
nucleolar RNA	核仁 RNA	核仁 RNA
nucleoli（复）（=nucleolus）	核仁	核仁
nucleolin	核仁蛋白	核仁素
nucleolinus	核仁内粒	核仁内粒
nucleolonema	核仁线	核仁線團，核仁絲
nucleolus	核仁	核仁
nucleolus organizer region（NOR）	核仁组织区	核仁組成部
nucleolus organizing region（=nucleolus organizer region）	核仁组织区	核仁組成部
nucleoplasm	核质	核質
nucleoplasmic index	核质指数	核質指數
nucleoplasmic ring	核质环	核質環
nucleoplasmin	核质蛋白	核質蛋白
nucleoporin	核孔蛋白	核孔蛋白
nucleoprotein	核蛋白	核蛋白
nucleosome	核小体	核小體
nucleotide	核苷酸	核苷酸
nucleus	[细]胞核，核	細胞核
null cell	裸细胞	裸細胞
nullipotency	无能性	無能性
nullisome	缺体	零染色體
nullisomy	缺对染色体性	零染色體性
NuMA（=nuclear mitotic apparatus protein）	核内有丝分裂装置蛋白	核有絲分裂構造蛋白
nurse cell	抚育细胞	護養細胞，培細胞，營養細胞
nurse culture	保育培养	保護培養

O

英 文 名	大 陆 名	台 湾 名
objective lens	物镜	物鏡
obligatory parthenogenesis	专[性]孤雌生殖	絕對單性生殖
occludin	闭合蛋白	密封蛋白
occluding junction	封闭连接	閉鎖連接
ocular micrometer	目镜测微尺	目鏡測微尺，目鏡測微器
Okazaki fragment	冈崎片段	岡崎片段
oleosome	油质体，造油体	油質體
oligodendrocyte	少突胶质细胞	寡樹突細胞
oligomycin	寡霉素	寡黴素
oligonucleotide array	寡核苷酸微阵列	寡核苷酸微陣列
oligopyrene sperm	减核精子	減[染色]體精子
oligosaccharide	寡糖	寡糖，低聚糖
oncogene	癌基因	致癌基因
oncogenic virus	致癌病毒	致癌病毒
onco-protein 18（Op18）	癌蛋白 18	癌蛋白 18
ontogenesis（=ontogeny）	个体发生，个体发育	個體發生
ontogeny	个体发生，个体发育	個體發生
oocenter	卵中心体	卵中心
oocyte	卵母细胞	卵母細胞
oogamy	卵式生殖	卵配生殖，卵配結合，受精生殖
oogenesis	卵子发生	卵子形成
oogonium	①藏卵器 ②卵原细胞	①藏卵器 ②卵原細胞，原卵細胞
ookinesis	卵核分裂	卵核分裂
ookinete	动合子	合子，動合子
ooplasm	卵质	卵質
oosperm（=zygote）	合子	[接]合子，受精卵
oosphere（=ovum）	卵	卵[細胞]
Op18（=onco-protein 18）	癌蛋白 18	癌蛋白 18
open reading-frame	可读框	開放譯讀區，開放讀碼區，展讀區
operator	操纵基因	操作子，操縱基因
operon	操纵子	操縱子，操縱組

英　文　名	大　陆　名	台　湾　名
optical tweezers	光镊	光[學]鑷子，光鉗
orange G	橘黄 G	橘色 G
orbicule	球状体	球狀體，微粒體
ORC (=origin recognition complex)	起始点识别复合体	起點辨識蛋白複合體
orcein	地衣红	地衣褐，苔棕
organ culture	器官培养	器官培養
organelle (=cellular organ)	细胞器	胞器
organelle genome	细胞器基因组	胞器基因組，[細]胞器基因體
organelle transplantation	细胞器移植	胞器移植
organogenesis	器官发生	器官形成
organotypic culture	器官型培养	器官型培養
organ transplantation	器官移植	器官移植
orientation	定向	定位，取向
origin recognition complex (ORC)	起始点识别复合体	起點辨識蛋白複合體
osmosis	渗透作用	滲透[作用]
osmotic pressure	渗透压	滲透壓
osteoblast	成骨细胞	造骨細胞，成骨細胞
osteoclast	破骨细胞	破骨細胞
osteocyte	骨细胞	骨細胞
outer nuclear membrane	外核膜	外核膜
ovarian follicle	卵泡	卵泡
ovary culture	子房培养	子房培養
overlap microtubule	重叠微管	重疊微管
ovocenter (=oocenter)	卵中心体	卵中心
ovulation	排卵	排卵
ovule culture	胚珠培养	胚珠培養
ovum	卵	卵[細胞]
OXA complex (=oxidase assembly complex)	OXA 复合体	OXA 複合體
oxidase assembly complex (OXA complex)	OXA 复合体	OXA 複合體
oxidative phosphorylation	氧化磷酸化	氧化磷酸化

P

英　文　名	大　陆　名	台　湾　名
pachynema（=pachytene）	粗线期	粗絲期，粗線期
pachytene	粗线期	粗絲期，粗線期
paedogenetic parthenogenesis	幼体孤雌生殖	幼體單性生殖
PAGE（=polyacrylamide gel electrophoresis）	聚丙烯酰胺凝胶电泳	聚丙烯醯胺凝膠電泳
pairing	配对	配對
pairing domain	配对域	配對域
pair-rule gene	成对规则基因	成對規則基因
palindrome	回文序列	迴文，旋轉對稱順序
palisade tissue	栅栏组织	柵狀組織
pancreatic polypeptide	胰多肽	胰多肽
pannexin	泛连接蛋白	泛連接蛋白
papilla	乳突	乳頭，乳突
PAP staining（=peroxidase-anti-peroxidase staining）	过氧化物酶-抗过氧化物酶染色，PAP 染色	過氧化酶-抗過氧化酶染色法
parabasal body	副基体	副基體
paracentric inversion	臂内倒位	不包含中節在內的倒位，染色體臂內倒位
paracodon	副密码子	副密碼子，輔密碼子
paracrine	旁分泌	旁分泌
paracrine factor	旁分泌因子	旁分泌因子
paracrine signaling	旁分泌信号传送	旁分泌訊息傳遞
paraffin section	石蜡切片	石蠟切片
pararosaniline	碱性副品红	副玫瑰色素，p,p',p''-三胺三苯甲醇，參[對胺苯]甲醇
paratope	互补位	互補位
parenchyma cell	薄壁细胞	薄壁細胞
parietal mesoderm（=somatic mesoderm）	体壁中胚层	體壁中胚層
pars amorpha	[核仁]无定形区	非定形區
pars fibrosa	[核仁]纤维区	纖維區
pars granulosa	[核仁]颗粒区	顆粒區
parthenogamy	孤雌核配	單性核配
parthenogenesis	孤雌生殖，单性生殖	單性生殖，孤雌生殖
parthenogonidium	孤雌生殖细胞	單性生殖細胞

英　文　名	大　陆　名	台　湾　名
parthenomixis	孤雌两核融合	單性受精生殖
particle bombardment	粒子轰击	粒子轟擊法
particle gun	粒子枪	粒子槍
partition coefficient	分配系数	分配係數
PAS reaction（=periodic acid-Schiff reaction）	高碘酸希夫反应，过碘酸希夫反应	過碘酸席夫反應，過碘酸-史氏反應
passage	传代	繼代
passage number	传代数	繼代數
passive diffusion	被动扩散	被動擴散
passive immunity	被动免疫	被動免疫
passive transport	被动运输，被动转运	被動運輸
patch-clamp recording	膜片钳记录技术	膜片箝制記錄法
patching	成斑	斑片
paternal effect gene	父体效应基因	父體效應基因
pattern formation	模式形成	模型結構
paxillin	桩蛋白	椿蛋白
PC（=phosphatidylcholine）	磷脂酰胆碱	磷脂酸膽鹼，磷脂醯膽鹼
PCC（=prematurely chromosome condensed）	染色体超前凝聚，早熟染色体凝集	超前凝聚染色體
PCD（=programmed cell death）	程序性细胞死亡	程式化細胞死亡
PCM（=pericentriolar material）	中心粒周物质	中心粒周物質
PCR（=①polymerase chain reaction ②pericentriolar region）	①聚合酶链[式]反应 ②中心粒周区	①聚合酶連鎖反應 ②中心粒周區
PDGF（=platelet-derived growth factor）	血小板衍生生长因子，血小板来源生长因子	血小板衍生生長因子
PE（=phosphatidylethanolamine）	磷脂酰乙醇胺	磷脂醯乙醇胺
peanut agglutinin（PNA）	花生凝集素	花生凝集素
PECAM-1（=platelet endothelial cell adhesion molecule-1）	血小板内皮细胞黏附分子1	血小板内皮細胞附著分子-1
pectin	果胶	果膠
pedogenesis	幼体生殖	童體生殖，幼體生殖
pellicle	表膜	外膜
peptide	肽	胜肽
peptide bond	肽键	胜肽鍵
peptidoglycan	肽聚糖	肽聚醣
peptidyl site（P site）	肽酰位，P位	肽醯位，P位

英　文　名	大　陆　名	台　湾　名
perforin	穿孔蛋白，穿孔素	穿孔蛋白
perfused chamber culture system	灌流小室培养系统	灌流腔培養系統
perfusion culture system	灌流培养系统	灌流培養系統
pericentric inversion	臂间倒位	臂間倒位
pericentrin	中心粒周蛋白	中心粒周蛋白
pericentriolar material (PCM)	中心粒周物质	中心粒周物質
pericentriolar region (PCR)	中心粒周区	中心粒周區
perikaryon	核周体	核周質
perinuclear cisterna	核周池	核周[緣]池，核周瀦泡
perinuclear space	核周隙	核膜間隙
periodic acid-Schiff reaction (PAS reaction)	高碘酸希夫反应，过碘酸希夫反应	過碘酸席夫反應，過碘酸-史氏反應
peripheral protein	[膜]周边蛋白质	膜周邊蛋白
peripherin	外周蛋白	周邊素，外周蛋白
periplasm	周质	周質
periplasmic space	周质间隙	周質間隙
periplast	周质体	周質體
permeability	通透性	通透性
permeability transition (PT)	通透性转变	通透性轉換
permeability transition pore (PTP)	通透性转变通道	通透性轉運孔
permease	通透酶	通透酶
permissive cell	允许细胞	允許細胞
peroxidase	过氧化物酶	過氧化酶
peroxidase-anti-peroxidase staining (PAP staining)	过氧化物酶-抗过氧化物酶染色，PAP 染色	過氧化酶-抗過氧化酶染色法
peroxisomal targeting sequence (PTS)	过氧化物酶体引导序列	過氧化體標的序列
peroxisomal targeting signal (PTS)	过氧化物酶体引导信号	過氧化體標的訊號
peroxisome	过氧化物酶体	過氧化[酶]體
Petri dish	培养皿	[皮氏]培養皿
PFC (=plaque forming cell)	空斑形成细胞，蚀斑形成细胞	溶[菌]斑形成細胞
PG (=①proteoglycan ②phosphatidylglycerol)	①蛋白聚糖 ②磷脂酰甘油	①蛋白聚醣，蛋白多醣 ②磷脂醯甘油
PGC (=primordial germ cell)	原始生殖细胞	原始生殖細胞
p53 gene	*p53* 基因	*p53* 基因
PHA (=phytohemagglutinin)	植物凝集素	植物血凝素
phaeophyll	叶褐素	葉褐素

英 文 名	大 陆 名	台 湾 名
phaeoplast	叶褐体	葉褐體
phage（=bacteriophage）	噬菌体	噬菌體
phage display	噬菌体展示	噬菌體呈現
phage peptide library	噬菌体肽文库	噬菌體胜肽庫
phage surface display	噬菌体表面展示	噬菌體表面呈現
λ-phage vector	λ噬菌体载体	λ噬菌體載體
phagocyte	吞噬细胞	吞噬細胞
phagocytosis	吞噬[作用]	吞噬作用
phagolysosome	吞噬溶酶体	吞噬溶酶體
phagosome	吞噬体	吞噬體
phakinin	晶状体蛋白	晶狀體蛋白
phalloidin	鬼笔环肽	毒蠅虎蕈鹼
phase contrast microscope	相差显微镜	相[位]差顯微鏡
phasmid	噬粒	①噬[菌]粒 ②幻器，尾覺器
Ph chromosome（=Philadelphia chromosome）	费城染色体	費城染色體
pheromone	信息素，外激素	費洛蒙
Philadelphia chromosome（Ph chromosome）	费城染色体	費城染色體
phosphatase	磷酸酶	磷酸酶
phosphatidase（=phospholipase）	磷脂酶	磷脂酶
phosphatidylcholine（PC）	磷脂酰胆碱	磷脂酸膽鹼，磷脂醯膽鹼
phosphatidylethanolamine（PE）	磷脂酰乙醇胺	磷脂醯乙醇胺
phosphatidylglycerol（PG）	磷脂酰甘油	磷脂醯甘油
phosphatidylinositol（PI）	磷脂酰肌醇	磷脂醯肌醇
phosphatidylinositol 3-hydroxy kinase（PI3K）	磷脂酰肌醇 3-羟激酶	磷脂醯肌醇 3-羥基激酶
phosphatidylserine（PS）	磷脂酰丝氨酸	磷脂醯絲胺酸
phosphocreatine	磷酸肌酸	磷酸肌酸
phosphoinositide	磷酸肌醇	磷酸肌醇
phosphokinase	磷酸激酶	磷酸激酶
phospholamban	受磷蛋白	受磷蛋白
phospholipase	磷脂酶	磷脂酶
phospholipid（PL）	磷脂	磷脂[質]
phospholipid bilayer	磷脂双层	磷脂雙層
phospholipid exchange protein	磷脂交换蛋白	磷脂交換蛋白
phospholipid scramblase	磷脂促翻转酶	磷脂促翻轉酶

英　文　名	大　陆　名	台　湾　名
phosphorylation	磷酸化	磷酸化[作用]
phosphotyrosine phosphatase	磷酸酪氨酸磷酸酶	磷酸酪胺酸磷酸酶
photoelectron transport	光电子运输	光電子運輸
photomicrography	显微摄影术	顯微攝影術
photophosphorylation	光合磷酸化	光合磷酸化
photorespiration	光呼吸	光呼吸
photosynthesis	光合作用	光合作用
photosynthetic carbon reduction cycle	光合碳还原环	光合碳還原環
photosynthetic unit	光合单位	光合單位
photosystem	光系统	光系統
photosystem Ⅰ（PSⅠ）	光系统Ⅰ	光系統Ⅰ
photosystem Ⅱ（PSⅡ）	光系统Ⅱ	光系統Ⅱ
photosystem electron-transfer reaction	光系统电子传递反应	光系統電子傳遞反應
phragmoplast	成膜体	成膜體
phragmosome	成膜粒	成膜粒
phycobilin protein	藻胆[色素]蛋白	藻膽色素蛋白
phycobilisome	藻胆[蛋白]体	藻膽體
phycocyanin	藻蓝蛋白	藻藍素
phycoerythrin	藻红蛋白	藻紅素
phylogenesis（=phylogeny）	系统发生，系统发育	親緣關係，種系發生， 　系統發生
phylogeny	系统发生，系统发育	親緣關係，種系發生， 　系統發生
physical map	物理图[谱]	物理圖
phytochrome	光敏色素，植物光敏素	植物光敏色素
phytohemagglutinin（PHA）	植物凝集素	植物血凝素
PI（=phosphatidylinositol）	磷脂酰肌醇	磷脂醯肌醇
PIC（=preinitiation complex）	前起始复合体	起始前複合體
PI3K（=phosphatidylinositol 3-hydroxy 　kinase）	磷脂酰肌醇 3-羟激酶	磷脂醯肌醇 3-羥基激 　酶
pilin	菌毛蛋白，伞毛蛋白	纖毛蛋白，縫緣蛋白
pilus	菌毛，伞毛	纖毛
pinocytosis	胞饮[作用]，吞饮[作 　用]	胞飲作用
pit field	纹孔场	導孔區
PKA（=protein kinase A）	蛋白激酶 A	蛋白激酶 A
PKB（=protein kinase B）	蛋白激酶 B	蛋白激酶 B
PKC（=protein kinase C）	蛋白激酶 C	蛋白激酶 C

英 文 名	大 陆 名	台 湾 名
PL（=phospholipid）	磷脂	磷脂［質］
placode	基板	基板
plakoglobin	斑珠蛋白	斑珠蛋白
plant cell engineering	植物细胞工程	植物細胞工程
plant hormone	植物激素	植物激素
plant tissue culture	植物组织培养	植物組織培養
plant virus	植物病毒	植物病毒
plaque	黏着斑	黏著斑，點狀黏附
plaque forming cell（PFC）	空斑形成细胞，蚀斑形成细胞	溶［菌］斑形成細胞
plasma cell	浆细胞	漿細胞
plasmalemma（=plasma membrane）	质膜	原生質膜，質膜
plasma membrane	质膜	原生質膜，質膜
plasmid	质粒	質體
plasminogen	血纤维蛋白溶酶原	［血］纖維蛋白溶酶原
plasmodesma	胞间连丝	胞間連絲，細胞間絲
plasmodesmata（复）（=plasmodesma）	胞间连丝	胞間連絲，細胞間絲
plasmodieresis（=cytokinesis）	胞质分裂	胞質分裂
plasmogamy	质配，胞质融合	胞質接合，胞質融合
plasmolysis	质壁分离	胞質離解，質離現象，壁質分離
plasmon	细胞质基因组	染色體外［之］遺傳基因，細胞質基因
plastic film culture	塑胶膜培养	塑膠膜培養
plastid	质体	色素體
plastidome	质体系	細胞質體的總稱
plastin（=fimbrin）	丝束蛋白	絲束蛋白，毛蛋白
plastocyanin	质体蓝蛋白，质体蓝素	色素體藍素
plastoquinone	质体醌	色素體醌
plate culture	平板培养	平板培養
platelet	血小板	血小板
platelet-derived growth factor（PDGF）	血小板衍生生长因子，血小板来源生长因子	血小板衍生生長因子
platelet endothelial cell adhesion molecule-1（PECAM-1）	血小板内皮细胞黏附分子1	血小板内皮細胞附著分子-1
β-pleated sheet（=β-sheet）	β 片层	β 摺板，貝他摺板
plectin	网蛋白	網蛋白

英　文　名	大　陆　名	台　湾　名
Plk1（=Polo-like kinase 1）	极样激酶 1，Polo 样激酶 1	Polo 样激酶 1
pluripotency（=multipotency）	多[潜]能性	多能性，複能性
pluripotent stem cell（PSC）（=multipotential stem cell）	多能干细胞	多能幹細胞
plus end	正端	正端
PNA（=peanut agglutinin）	花生凝集素	花生凝集素
podosoma	足体	足體
podosome（=podosoma）	足体	足體
polar body	极体	極體
polar cap	极帽	極帽
polar fiber	极纤维	極纖維
polar granule	极粒，生殖细胞决定子	極粒
polarity	极性	極性
polarization	极化	極化
polarization microscope	偏光显微镜	偏[極]光顯微鏡
polarized cell	极化细胞	極化細胞
polar lobe	极叶	極葉
polar microtubule	极微管	極微管
polar nucleus	极核	極核
polar plasma	极质	極質
polar zone（=polar cap）	极帽	極帽
pole cell	极细胞	極細胞
pollen	花粉	花粉
pollen culture	花粉培养	花粉培養
pollen mother cell	花粉母细胞	花粉母細胞
pollination	传粉	授粉[作用]
polocyte（=polar body）	极体	極體
Polo-like kinase 1（Plk1）	极样激酶 1，Polo 样激酶 1	Polo 样激酶 1
polyacrylamide gel electrophoresis（PAGE）	聚丙烯酰胺凝胶电泳	聚丙烯醯胺凝膠電泳
polycentric chromosome	多着丝粒染色体	多著絲粒染色體，多中節染色體
polyclonal antibody	多克隆抗体	多株抗體
polyclonal compartment	多克隆发育区	多元繁殖區
polyembryony	多胚性，多胚现象	多胎現象
polykaryon	多核体，多核细胞	多核體
polymerase	聚合酶	聚合酶，聚合脢

英　文　名	大　陆　名	台　湾　名
polymerase chain reaction（PCR）	聚合酶链[式]反应	聚合酶連鎖反應
polymorphic nucleus	多形核	多形核
polymorphism	多态性	多型性
polymorphonuclear leukocyte	多形核白细胞	多形核白血球
polymorphonuclear neutrophil	多形核嗜中性粒细胞	多形核[嗜]中性球
polynucleotide	多核苷酸	多核苷酸，聚核苷酸
polypeptide	多肽	多肽
polyploid	多倍体	多倍體
polyploidy	多倍性	多倍性
polyribosome	多核糖体	多核糖體，聚核糖體
polysaccharide	多糖	多醣
polysome（=polyribosome）	多核糖体	多核糖體，聚核糖體
polyspermy	多精入卵	多精入卵
polytene chromosome	多线染色体	多線染色體，多絲染色體
polytene stage	多线期	多線期
polyubiquitination	多泛素化	泛素聚化
population density	群体密度	族群密度
population doubling level	群体倍增水平	族群倍增水平
population doubling time	群体倍增时间	族群倍增時間
pore membrane domain	孔膜区	孔膜區
porin	[膜]孔蛋白	孔蛋白
porogamy	珠孔受精	珠孔受精
positional information	位置信息	位置訊息
positional value	位置值	位置值
position effect	位置效应	位置效應
post genome project	后基因组计划	後基因體計畫
post-transcriptional modification	转录后修饰	轉錄後修飾
post-transcriptional processing	转录后加工	轉錄後加工
post-translational modification	翻译后修饰	轉譯後修飾
potassium [leak] channel	钾[渗]通道	鉀[滲]通道
potency	潜能	潛能，潛值
PRC（=pre-replication complex）	前[DNA]复制复合体	前複製複合體
pre-B cell	前 B 细胞	前 B 細胞[系]
precursor mRNA（=pre-messenger RNA）	前信使 RNA，前[体] mRNA	前 mRNA
precursor ribosomal RNA（pre-rRNA）	前核糖体 RNA，前[体] rRNA	前 rRNA

英　文　名	大　陆　名	台　湾　名
predetermination	预决定	前決定
preformation	先成说，预成论	先成說
preinitiation complex (PIC)	前起始复合体	起始前複合體
preleptonema (=preleptotene [stage])	前细线期	前細絲期
preleptotene [stage]	前细线期	前細絲期
prematurely chromosome condensed (PCC)	染色体超前凝聚，早熟染色体凝集	超前凝聚染色體
premeiotic mitosis	成熟前有丝分裂	成熟前有絲分裂
pre-messenger RNA (pre-mRNA)	前信使 RNA，前[体] mRNA	前 mRNA
pre-mRNA (=pre-messenger RNA)	前信使 RNA，前[体] mRNA	前 mRNA
prepriming complex	预引发复合体	前引複合體
preprimosome	引发体前体，前引发体	引發前體
preprophase band	早前期带	早前期帶
pre-RC (=pre-replication complex)	前[DNA]复制复合体	前複製複合體
pre-replication complex (pre-RC，PRC)	前[DNA]复制复合体	前複製複合體
pre-rRNA (=precursor ribosomal RNA)	前核糖体 RNA，前[体]rRNA	前 rRNA
prestin	快蛋白，急拍蛋白	外毛細胞運動蛋白
presynapsis	前联会	前聯會
pre-T cell	前 T 细胞	前 T 細胞[系]
Pribnow box	普里布诺框	普里布諾框，普里布諾區
primary cell culture	原代细胞培养	初代細胞培養
primary cell wall	初生细胞壁	初生細胞壁
primary constriction	主缢痕	主縊痕，初級隘縮
primary culture	原代培养	初代培養
primary immune response	初次免疫应答	初級免疫反應
primary lysosome	初级溶酶体	初級溶[酶]體
primary messenger	第一信使	第一傳訊者
primary neurulation	初级神经胚形成	初級神經胚形成
primary oocyte	初级卵母细胞	初級卵母細胞
primary plasmodesma	初生胞间连丝	初級胞間連絲
primary reaction	原初反应	初級反應
primary spermatocyte	初级精母细胞	初級精母細胞
primase	引发酶	引發酶，導引酶，引子酶

英　文　名	大　陆　名	台　湾　名
primer	引物	引子
priming (=sensitization)	致敏[作用]	致敏感性
primitive streak	原条	原條
primordial germ cell (PGC)	原始生殖细胞	原始生殖細胞
primosome	引发体	引發體
prion	蛋白感染粒，朊病毒，普里昂	傳染性蛋白顆粒，普里昂蛋白
probe	探针	探針
procaryote (=prokaryote)	原核生物	原核生物
procaspase	胱天蛋白酶原	硫胱氨酸蛋白酶原
procentriole	原中心粒	原中心粒
procollagen	前胶原	前膠原蛋白，原膠原蛋白
profilin	[肌动蛋白]抑制蛋白	前纖維蛋白，G 肌動蛋白結合蛋白
progenitor cell	祖细胞，前体细胞	前驅細胞
programmed cell death (PCD)	程序性细胞死亡	程式化細胞死亡
prokaryocyte (=prokaryotic cell)	原核细胞	原核細胞
prokaryon	原核	原核
prokaryote	原核生物	原核生物
prokaryotic cell	原核细胞	原核細胞
proliferation	增殖	增生
prometaphase	前中期	前中期
promoter	启动子	啟動子
pronucleus	[配子]原核	原核，前核
pronucleus fusion	前核融合	原核融合
prophase	前期	前期
proplastid	前质体	前質體
proprotein	蛋白质原	蛋白原
protease	蛋白酶	蛋白酶
proteasome	蛋白酶体	蛋白酶體，蛋白解體
τ protein	τ 蛋白	τ 蛋白
proteinaceous infectious particle (=prion)	蛋白感染粒，朊病毒，普里昂	傳染性蛋白顆粒，普里昂蛋白
protein array	蛋白质阵列	蛋白質陣列
protein chip	蛋白质芯片	蛋白質晶片
protein engineering	蛋白质工程	蛋白質工程
protein-free medium	无蛋白培养液，无蛋白	無蛋白培養液，無蛋白

英　文　名	大　陆　名	台　湾　名
	培养基	[質]培養基
protein kinase	蛋白激酶	蛋白激酶
protein kinase A（PKA）	蛋白激酶 A	蛋白激酶 A
protein kinase B（PKB）	蛋白激酶 B	蛋白激酶 B
protein kinase C（PKC）	蛋白激酶 C	蛋白激酶 C
protein microarray	蛋白质微阵列	蛋白質微陣列
protein phosphatase	蛋白磷酸酶	蛋白質磷酸酶
protein serine/threonine phosphatase	蛋白质丝氨酸/苏氨酸磷酸酶	蛋白絲胺酸/蘇胺酸磷酸酶
protein translocator	蛋白质转运器	蛋白質轉運器
protein tyrosine kinase（PTK）	蛋白质酪氨酸激酶	蛋白質酪胺酸激酶
protein tyrosine phosphatase（PTP）	蛋白质酪氨酸磷酸酶	蛋白質酪胺酸磷酸酶
proteoglycan（PG）	蛋白聚糖	蛋白聚醣，蛋白多醣
proteome	蛋白质组	蛋白[質]體
proteome chip	蛋白质组芯片	蛋白質體晶片
proteomic project	蛋白质组计划	蛋白質體計畫
proteomics	蛋白质组学	蛋白質體學
protoelastin	原弹性蛋白	原彈性蛋白
protofilament	原丝	原絲
proton motive force	质子动力	質子動力
proto-oncogene	原癌基因	原致癌基因
protoplasm	原生质	原生質
protoplasmic bridge	原生质桥	原生質橋
protoplast	原生质体	原生質體
protoplast culture	原生质体培养	原生質體培養
protoplast fusion	原生质体融合	原生質體融合
provirus	原病毒，前病毒	原病毒，前病毒
PS（=phosphatidylserine）	磷脂酰丝氨酸	磷脂醯絲胺酸
PS I（=photosystem I ）	光系统 I	光系統 I
PS II（=photosystem II）	光系统 II	光系統 II
PSC（=pluripotent stem cell）	多能干细胞	多能幹細胞
pseudocyst	假孢囊	擬胞囊，假囊
pseudodiploid	假二倍体	偽二倍體
pseudopodium	伪足	偽足
P site（=peptidyl site）	肽酰位，P 位	肽醯位，P 位
PT（=permeability transition）	通透性转变	通透性轉換
PTK（=protein tyrosine kinase）	蛋白质酪氨酸激酶	蛋白質酪胺酸激酶
PTP（=①protein tyrosine phosphatase	①蛋白质酪氨酸磷酸	①蛋白質酪胺酸磷酸

英　文　名	大　陆　名	台　湾　名
②permeability transition pore）	酶 ②通透性转变通道	酶 ②通透性轉運孔
PTS（=①peroxisomal targeting signal ②peroxisomal targeting sequence）	①过氧化物酶体引导信号 ②过氧化物酶体引导序列	①過氧化體標的訊號 ②過氧化體標的序列
P-type ATPase	P 型 ATP 酶	P 型 ATP 酶
P-type［ion］pump	P 型［离子］泵	P 型離子幫浦
pull hypothesis	牵拉假说	拉力假說
pulse［alternative］field gel electrophoresis	脉冲［交变］电场凝胶电泳	脈衝［交變］電場凝膠電泳
pulse-chase	脉冲追踪法	脈衝追蹤法
pulse-labeling technique	脉冲标记技术	脈衝標記技術
pump	泵	幫浦
push hypothesis	外推假说	推力假說
pyknosis（=karyopyknosis）	核固缩	核固縮，染色質濃縮
pyramitome	修块机	組織塊修整機
pyrenoid	淀粉核	澱粉核

Q

英　文　名	大　陆　名	台　湾　名
Q-banding	Q 显带，Q 分带	Q 帶
qPCR（=quantitative PCR）	定量聚合酶链反应，定量 PCR	定量聚合酶連鎖反應，定量 PCR
quadrivalent	四价体	四價染色體
quantitative PCR（qPCR）	定量聚合酶链反应，定量 PCR	定量聚合酶連鎖反應，定量 PCR
quick freeze deep etching	快速冷冻深度蚀刻	快速冷凍深度蝕刻
quick freezing	快速冷冻	快速冷凍
quinone cycle	醌循环	醌循環

R

英　文　名	大　陆　名	台　湾　名
Rab effector	Rab 效应子	Rab 效應器
Rab protein	Rab 蛋白	Rab 蛋白
radiation cytology	辐射细胞学	輻射細胞學
radioactive tracer	放射性示踪物	放射性示蹤物

英 文 名	大 陆 名	台 湾 名
radioautography (=autoradiography)	放射自显影[术]	放射自顯影術
radioimmunoassay (RIA)	放射性免疫测定	放射性免疫測定法
radioimmunoprecipitation	放射免疫沉淀法	放射免疫沉澱法
RAR (=retinoic acid receptor)	视黄酸受体	視黃酸受體
Ras protein	Ras 蛋白	Ras 蛋白
rDNA (=ribosomal DNA)	核糖体 DNA	核糖體 DNA
reaction center	反应中心	反應中心
reaction-center chlorophyll	反应中心叶绿素	反應中心葉綠素
reading frame displacement	读框移位	讀框移動
receptor	受体	受體
receptor-mediated endocytosis	受体介导的胞吞	受體媒介[式]胞吞作用
receptor protein tyrosine phosphatase	受体蛋白酪氨酸磷酸酶	受體蛋白酪胺酸磷酸酶
receptor serine/threonine protein kinase (RSTPK)	受体丝氨酸/苏氨酸蛋白激酶	受體絲胺酸/蘇胺酸蛋白激酶
receptor tyrosine kinase (RTK)	受体酪氨酸激酶	受體酪胺酸激酶
recirculating lymphocyte pool	再循环淋巴细胞库	再循環淋巴細胞庫
recognition helix	识别螺旋	辨識螺旋
recognition site	识别位点	辨識位
recombinant DNA	重组 DNA	重組 DNA
recombinant DNA technique	重组 DNA 技术	重組 DNA 技術
recombination nodule	重组结	重組結
recon	重组子	[基因]重組單位
recruitment factor	招募因子	聚集因子
recycling endosome	再循环内体	再循環內體
red blood cell (=erythrocyte)	红细胞	紅血球
redifferentiation	再分化	再分化
redox potential (=reduction oxidation potential)	氧化还原电位	氧化還原電位
reduced flavin adenine dinucleotide (FADH$_2$)	还原型黄素腺嘌呤二核苷酸	還原型黃素腺嘌呤二核苷酸
reduced nicotinamide adenine dinucleotide (NADH)	还原型烟酰胺腺嘌呤二核苷酸, 还原型辅酶Ⅰ	還原型菸鹼醯胺腺嘌呤二核苷酸, 還原型輔酶Ⅰ
reduced nicotinamide adenine dinucleotide phosphate (NADPH)	还原型烟酰胺腺嘌呤二核苷酸磷酸, 还原型辅酶Ⅱ	還原型菸鹼醯胺腺嘌呤二核苷酸磷酸, 還原型輔酶Ⅱ

英 文 名	大 陆 名	台 湾 名
reduction oxidation potential	氧化还原电位	氧化還原電位
reduction potential	还原电位	還原電位
regeneration	再生	再生
regulated secretion	受调分泌	調控分泌
regulatory egg	调整[型]卵	調控卵
regulatory gene	调节基因	調節基因
regulatory promoter	调节启动子	調控啟動子
regulatory secretion (=regulated secretion)	受调分泌	調控分泌
regulatory site	调节位点	調節位置
rejuvenescence	复壮	回春現象，還童現象
release factor (RF)	释放因子	釋放因子
renaturation	复性	復性
repetitive DNA	重复 DNA	重複 DNA
repetitive sequence	重复序列	重複序列
replant culture	再生植株培养	再生植株培養
replica	复型	複製試樣，複製品
replicase	复制酶	複製酶
replicate culture	复制式培养	複製式培養
replication	复制	複製
replication band	复制带	複製帶
replication fork	复制叉	複製叉
replication origin	复制起点	複製起點
replication unit	复制单位	複製單位
replicon	复制子	複製子
replisome	复制体	複製體
repressible enzyme	阻遏酶	阻遏酵素，可誘導型酵素
repressible operon	阻遏型操纵子	可抑制型操縱子
repressor	阻遏物	阻遏物
reshaped antibody	重构抗体	重構抗體
residual body	残余体	殘餘體
resolution	分辨率	解析度
resolving power (=resolution)	分辨率	解析度
respiratory chain	呼吸链	呼吸鏈
response element	应答元件	反應要件
restriction enzyme	限制酶	限制酶，限制酵素
restriction point	限制点	限制切點
restriction site	限制[酶切]位点	限制酶切位

英　文　名	大　陆　名	台　湾　名
retention signal	驻留信号	保留訊號，駐留訊號
retinal ganglion cell（RGC）	视网膜［神经］节细胞	視網膜神經節細胞
retinoblastoma	成视网膜细胞瘤	視網膜母細胞瘤
retinoic acid	视黄酸，维甲酸	視黄酸
retinoic acid receptor（RAR）	视黄酸受体	視黄酸受體
retrieval transport	回收运输	回收運輸
retrograde axonal transport	逆向轴突运输，逆行轴突运输	逆行軸突運輸
retroposon	反转录子	逆跳躍子
retrotransposon	反转录转座子	逆轉位子
retrovirus	反转录病毒	反轉錄病毒
reverse signaling	反向信号传送	反向訊息傳遞
reverse transcriptase	反转录酶，逆转录酶	反轉錄酶，逆轉錄酶
reverse transcription PCR（RT-PCR）	反转录聚合酶链反应，反转录 PCR	反轉錄聚合酶連鎖反應，反轉錄 PCR
reverse turn（=β-turn）	β 转角	β 轉角
revertant	回复体	回復突變體
RF（=release factor）	释放因子	釋放因子
RFC（=rosette forming cell）	花结形成细胞	花結形成細胞
RGC（=retinal ganglion cell）	视网膜［神经］节细胞	視網膜神經節細胞
RGD sequence	RGD 序列	RGD 序列
rhizoplast	根丝体	根絲體
rhodamine	罗丹明	若丹明，鹼性蕊香紅
rhodoplast	藻红体	藻紅素體
rho factor（=ρ factor）	ρ 因子	ρ 因子
RIA（=radioimmunoassay）	放射性免疫测定	放射性免疫測定法
ribonuclease（RNase）	核糖核酸酶	核糖核酸酶
ribonucleic acid（RNA）	核糖核酸	核糖核酸
ribonucleoprotein（RNP）	核糖核蛋白	核糖核蛋白
ribophorin	核糖体结合糖蛋白	核糖體定位蛋白
ribosomal DNA（rDNA）	核糖体 DNA	核糖體 DNA
ribosomal RNA（rRNA）	核糖体 RNA	核糖體 RNA
ribosome	核糖［核蛋白］体	核糖體
ribosome binding site	核糖体结合位点	核糖體結合位
ribosome recognition site	核糖体识别位点	核糖體辨識位
ribozyme	核酶，酶性核酸，RNA 催化剂	核糖核酸酵素，核糖酵素，核糖酶
ribulose -1, 5-bisphosphate（RuBP）	核酮糖-1, 5-双磷酸	核酮糖-1, 5-雙磷酸

英　文　名	大　陆　名	台　湾　名
ribulose-1, 5-bisphosphate carboxylase（RuBP carboxylase）	核酮糖-1, 5-双磷酸羧化酶	核酮糖-1, 5-雙磷酸羧化酶
ribulose-1, 5-bisphophate carboxylase/oxygenase（rubisco）	核酮糖-1, 5-双磷酸羧化酶/加氧酶	核酮糖-1, 5-雙磷酸羧化/加氧酶
RNA（=ribonucleic acid）	核糖核酸	核糖核酸
RNA degradosome	RNA 降解体	RNA 分解體
RNA-dependent DNA polymerase	依赖于 RNA 的 DNA 聚合酶	RNA 依賴型 DNA 聚合酶
RNA editing	RNA 编辑	RNA 編輯
RNA footprinting	RNA 足迹法	RNA 足跡法
RNA helicase	RNA 解旋酶	RNA 解旋酶
RNAi（=RNA interference）	RNA 干扰	RNA 干擾
RNA interference（RNAi）	RNA 干扰	RNA 干擾
RNA polymerase	RNA 聚合酶	RNA 聚合酶
RNA primer	RNA 引物	RNA 引子
RNA processing	RNA 加工	RNA 加工，RNA 處理
RNase（=ribonuclease）	核糖核酸酶	核糖核酸酶
RNA splicing	RNA 剪接	RNA 剪接
RNA tumor virus	RNA 肿瘤病毒	RNA 腫瘤病毒
RNA virus	RNA 病毒	RNA 病毒
RNP（=ribonucleoprotein）	核糖核蛋白	核糖核蛋白
Robertsonian translocation	罗伯逊易位	羅伯遜易位，端點著絲粒易位
roller bottle culture	滚瓶培养	滾瓶培養
rolling circle replication	滚环复制	滾環式複製
Romanowsky stain	罗氏染液	羅曼落司基染色
root cap	根冠	根冠
root culture	[离体]根培养	根培養
root hair	根毛	根毛
rootlet system	纤毛小根系统	小根系統
rosette forming cell（RFC）	花结形成细胞	花結形成細胞
rotate tube culture	旋转管培养	旋轉管培養
rotational cleavage	旋转卵裂	旋轉卵裂
rough endoplasmic reticulum	糙面内质网	粗糙內質網
Rous sarcoma virus（RSV）	劳斯肉瘤病毒	勞斯肉瘤病毒
rRNA（=ribosomal RNA）	核糖体 RNA	核糖體 RNA
RSTPK（=receptor serine/threonine protein kinase）	受体丝氨酸/苏氨酸蛋白激酶	受體絲胺酸/蘇胺酸蛋白激酶

英　文　名	大　陆　名	台　湾　名
RSV (=Rous sarcoma virus)	劳斯肉瘤病毒	勞斯肉瘤病毒
RTK (=receptor tyrosine kinase)	受体酪氨酸激酶	受體酪胺酸激酶
RT-PCR (=reverse transcription PCR)	反转录聚合酶链反应，反转录 PCR	反轉錄聚合酶連鎖反應，反轉錄 PCR
rubisco (=ribulose-1, 5-bisphophate carboxylase/ oxygenase)	核酮糖-1, 5-双磷酸羧化酶/加氧酶	核酮糖-1, 5-雙磷酸羧化/加氧酶
RuBP (=ribulose-1, 5-bisphosphate)	核酮糖-1, 5-双磷酸	核酮糖-1, 5-雙磷酸
RuBP carboxylase (=ribulose-1, 5-bisphosphate carboxylase)	核酮糖-1, 5-双磷酸羧化酶	核酮糖-1, 5-雙磷酸羧化酶
ruffling	边缘起皱，边缘波动	細胞邊緣波動，細胞邊緣皺褶

S

英　文　名	大　陆　名	台　湾　名
saccule	[高尔基体]扁平膜囊	小囊，球囊
safranine	番红	番紅
SAGE (=serial analysis of gene expression)	基因表达的系列分析	基因表現系列分析法
Sakaguchi reaction	坂口反应	坂口反應
salivary gland chromosome	唾腺染色体	唾腺染色體
Sanger-Coulson method	桑格-库森法	桑格-庫森法
SAPK (=stress-activated protein kinase)	应激活化的蛋白激酶	壓力活化蛋白質激酶
Sar1 protein	Sar1 蛋白	Sar1 蛋白
sarcolemma	肌膜	肌纖維膜
sarcoma	肉瘤	肉瘤
sarcoma gene (*src* gene)	*src* 基因	*src* 基因
sarcomere	肌节	肌節
sarcoplasm	肌质	肌漿，肌質
sarcoplasmic reticulum	肌质网	肌漿網，肌質網
sarcosome	肌粒	肌粒[體]，肌粒線體
sarcotubule	肌小管	肌小管
SARS virus (=severe acute respiratory syndrome virus)	SARS 病毒	SARS 病毒
SAT-chromosome (=satellite chromosome)	随体染色体	隨體染色體
satellite	随体	隨體
satellite chromosome (SAT-chromosome)	随体染色体	隨體染色體
satellite DNA	卫星 DNA	從屬 DNA，衛星 DNA，隨體 DNA

英　文　名	大　陆　名	台　湾　名
satellite zone（SAT-zone）	随体区	隨體區
saturation density	饱和密度	飽和密度
SAT-zone（=satellite zone）	随体区	隨體區
SBA（=soybean agglutinin）	大豆凝集素	大豆凝集素
SC（=synaptonemal complex）	联会复合体	聯會複合體
scaffold protein	支架蛋白质	支架蛋白質
scanning electron microscope（SEM）	扫描电子显微镜	掃描式電子顯微鏡
scanning microspectrophotometer	扫描显微分光光度计	掃描顯微分光光度計
scanning probe microscope	扫描探针显微镜	掃描探針顯微鏡
scanning transmission electron microscope （STEM）	扫描透射电子显微镜	掃描穿透式電子顯微鏡
scanning tunnel microscope（STM）	扫描隧道显微镜	掃描隧道顯微鏡
SCE（=sister chromatid exchange）	姐妹染色单体交换	姊妹染色分體互換
SCF（=stem cell factor）	干细胞因子	幹細胞因子
Schiff's reagent	希夫试剂	席夫試劑
Schwann cell	施万细胞	許旺[氏]細胞
sclereid	石细胞	石細胞
sclerenchyma cell	厚壁细胞	厚壁細胞
scRNA（=small cytoplasmic RNA）	胞质内小 RNA	小胞質 RNA
Sec61 complex	Sec61 复合体	Sec61 複合體
secondary cell wall	次生细胞壁	次生細胞壁
secondary constriction	次缢痕	次級縊痕，次級隘縮
secondary culture	继代培养，传代培养	繼代培養
secondary immune response	再次免疫应答	次級免疫反應
secondary lysosome	次级溶酶体	次級溶[酶]體
secondary neurulation	次级神经胚形成	次級神經胚形成
secondary oocyte	次级卵母细胞	次級卵母細胞
secondary plasmodesma	次生胞间连丝	次級胞間連絲
secondary spermatocyte	次级精母细胞	次級精母細胞
second messenger	第二信使	第二傳訊者
secretion	分泌	分泌
secretory pathway	分泌途径	分泌途徑
secretory protein	分泌蛋白质	分泌蛋白
secretory vesicle	分泌小泡	分泌泡
securin	分离酶抑制蛋白	分離酶抑制蛋白
sedimentation coefficient	沉降系数	沉降係數
segmentation	分节	環節形成
segmentation gene	分节基因	分節基因

英　文　名	大　陆　名	台　湾　名
segment polarity gene	体节极性基因	體節極性基因
segregation of chromosome	染色体分离	染色體分離
selectin	选凝素，选择素	選擇素
selectively permeable membrane	选择[通]透性膜	選[擇通]透[性]膜
selective permeability	选择[通]透性	選[擇通]透性
selector gene	选择者基因	選擇者基因
self-assembly	自组装	自組裝
selfish gene	自在基因，自私基因	自私基因
self-pollination	自体受粉，自花传粉	自體受粉，自花授粉
self-replicating	自复制	自我複製
self-splicing	自剪接	自我剪接
SEM (=scanning electron microscope)	扫描电子显微镜	掃描式電子顯微鏡
semiconservative replication	半保留复制	半保留[式]複製
semipermeability	半透性	半透性
semipermeable membrane	半透膜	半透[性]膜
semisterility	半不育[性]	半不育
sense strand	有义链	編碼股，有義股
sensitization	致敏[作用]	致敏感性
separase	分离酶	分離酶
separin	分离蛋白	分離蛋白
septate junction	分隔连接	分隔連接
sequence homology	序列同源性	序列同源性，序列相似性
sequence-specific transcription factor	序列特异性转录因子	序列專一性轉錄因子
sequencing	序列测定，测序	定序
sequential expression	依序表达	依序表現
serial analysis of gene expression (SAGE)	基因表达的系列分析	基因表現系列分析法
serial section	连续切片	連續切片
Sertoli cell	塞托利细胞	塞氏細胞，史托利細胞
serum-free medium	无血清培养液，无血清培养基	無血清培養基
serum response element (SRE)	血清应答元件	血清反應元素，血清反應元件
serum response factor (SRF)	血清应答因子	血清反應因子
severe acute respiratory syndrome virus (SARS virus)	SARS 病毒	SARS 病毒
severin	切割蛋白	切割蛋白
sex chromatin body	性染色质体	性染色質體

英　文　名	大　陆　名	台　湾　名
sex chromosome	性染色体	性染色體
sex determination	性别决定	性別決定
sex differentiation	性别分化	性別分化
sexuality	性别	性別
sexual reproduction	有性生殖	有性生殖
shadow casting	投影术，喷镀术，铸型技术	陰影投射
SH domain (=Src homology domain)	SH 功能域	SH 功能區
SH1 domain (=Src homology 1 domain)	SH1 功能域	SH1 功能區
SH2 domain (=Src homology 2 domain)	SH2 功能域	SH2 功能區
SH3 domain (=Src homology 3 domain)	SH3 功能域	SH3 功能區
β-sheet	β 片层	β 摺板，貝他摺板
shoot tip culture	茎尖培养	莖尖培養
short interfering RNA	干扰短 RNA	短干擾 RNA
sialic acid	唾液酸	唾液酸
sieve area	筛域	篩域
sieve plate	筛板	篩板
sieve pore	筛孔	篩孔
sieve tube	筛管	篩管
sigma factor (=σ factor)	σ 因子	σ 因子
signal amplification	信号放大	訊號放大
signal convergence	信号会聚	訊號會聚
signal desensitization	信号脱敏	訊號去敏感化
signal divergence	信号发散	訊號發散
signal hypothesis	信号假说	訊號假說
signaling cell	信号细胞	訊號細胞
signal molecule	信号分子	訊號分子
signal patch	信号斑	訊號斑
signal pathway (=signal transduction pathway)	信号转导途径	訊息傳遞途徑
signal peptidase	信号肽酶	訊號肽酶
signal peptide	信号肽	訊息肽，訊號肽
signal recognition particle (SRP)	信号识别颗粒	訊號辨識粒子
signal recognition particle receptor (SRP receptor)	信号识别颗粒受体	訊號辨識粒子受體
signal sequence	信号序列	訊息序列，訊號序列
signal theory	信号学说	訊號學說
signal transducer and activator of transcrip-	信号转导及转录激活	訊號轉導及轉錄活化

英　文　名	大　陆　名	台　湾　名
tion(STAT)	蛋白	蛋白
signal transduction	信号转导	訊息傳遞
signal transduction cascade	信号转导级联反应	訊息傳遞連級，訊號傳遞鏈
signal transduction pathway	信号转导途径	訊息傳遞途徑
simian vacuolating virus 40(SV40 virus)	猿猴空泡病毒 40，SV40 病毒	猿猴空泡病毒 40
simple bacterium(=eubacterium)	真细菌	真細菌
simple diffusion	简单扩散，单纯扩散	簡單擴散
single cell culture	单细胞培养	單細胞培養
single cell variant	单细胞变异体	單細胞變異體
single-copy sequence	单拷贝序列	單拷貝序列
single-pass transmembrane protein	单次穿膜蛋白质	單次穿膜蛋白
single-stranded DNA binding protein(SSB, SSBP)	单链 DNA 结合蛋白	單股 DNA 結合蛋白
siRNA(=small interfering RNA)	干扰小 RNA	小干擾 RNA
sister chromatid	姐妹染色单体，姊妹染色单体	姊妹染色分體
sister chromatid exchange(SCE)	姐妹染色单体交换	姊妹染色分體互換
sister chromatid recombination	姐妹染色单体重组	姊妹染色分體重組
sister chromatid segregation	姐妹染色单体分离	姊妹染色分體分離，姊妹染色分體分開
sister chromatid separation(=sister chromatid segregation)	姐妹染色单体分离	姊妹染色分體分離，姊妹染色分體分開
skin stem cell	皮肤干细胞	皮膚幹細胞
slide	载玻片	載玻片
sliding filament mechanism	纤丝滑动机制	滑絲機制
sliding filament model	肌丝滑动模型	滑絲模型
sliding microtubule mechanism	微管滑动机制	微管滑動機制
sliding microtubule theory	微管滑动学说	微管滑動學說
slime mould	黏菌	黏菌
Sma- and Mad-related protein(Smad protein)	Sma 和 Mad 相关蛋白，Smad 蛋白	Smad 和 Mad 相關蛋白，Smad 蛋白
Smad protein(=Sma- and Mad-related protein)	Sma 和 Mad 相关蛋白，Smad 蛋白	Smad 和 Mad 相關蛋白，Smad 蛋白
small cytoplasmic RNA(scRNA)	胞质内小 RNA	小胞質 RNA
small G-protein	小 G 蛋白	小 G 蛋白
small interfering RNA(siRNA)	干扰小 RNA	小干擾 RNA

英　文　名	大　陆　名	台　湾　名
small nuclear RNA（snRNA）	核小 RNA	小胞核 RNA
small nucleolar ribonucleoprotein（snoRNP）	核仁小核糖核蛋白	核仁小核糖核蛋白
small nucleolar RNA（snoRNA）	核仁小 RNA	小核仁 RNA
SMC protein（=structural maintenance of chromosome protein）	染色体结构维持蛋白质	染色體架構維持蛋白質
smear	涂片	塗片
SmIg（=surface membrane immunoglobulin）	膜表面免疫球蛋白	膜表面免疫球蛋白
smooth endoplasmic reticulum	光面内质网	平滑內質網
smooth muscle cell	平滑肌细胞	平滑肌細胞
SNAP（=soluble NSF attachment protein）	可溶性 NSF 附着蛋白	可溶性 NSF 附著蛋白
SNARE（=soluble NSF attachment protein receptor）	可溶性 NSF 附着蛋白受体，SNAP 受体	可溶性 NSF 附著蛋白受體
snoRNA（=small nucleolar RNA）	核仁小 RNA	小核仁 RNA
snoRNP（=small nucleolar ribonucleoprotein）	核仁小核糖核蛋白	核仁小核糖核蛋白
snRNA（=small nuclear RNA）	核小 RNA	小胞核 RNA
SOD（=superoxide dismutase）	超氧化物歧化酶	超氧化物歧化酶
sodium channel	钠通道	鈉通道
sodium-potassium ATPase	钠钾 ATP 酶	鈉鉀 ATP 酶
sodium-potassium pump	钠钾泵	鈉鉀幫浦，鈉鉀泵
sodium pump	钠泵	鈉幫浦，鈉泵
solenoid	螺线管	螺線管
solid culture	固体培养	固體培養
soluble NSF attachment protein（SNAP）	可溶性 NSF 附着蛋白	可溶性 NSF 附著蛋白
soluble NSF attachment protein receptor（SNARE）	可溶性 NSF 附着蛋白受体，SNAP 受体	可溶性 NSF 附著蛋白受體
somaclonal variation	体细胞克隆变异	體細胞株變異
somatic cell	体细胞	體細胞
somatic cell hybrid	体细胞杂种	體細胞雜種
somatic cell nuclear transfer	体细胞核移植	體細胞核轉移
somatic gene therapy	体细胞基因治疗	體細胞基因治療
somatic hybridization	体细胞杂交	體細胞雜交
somatic mesoderm	体壁中胚层	體壁中胚層
somatic mutation	体细胞突变	體細胞突變
somatic recombination	体细胞重组	體細胞重組
somatic variation	体细胞变异	體細胞變異

英　文　名	大　陆　名	台　湾　名
somatoliberin	促生长素释放素	促生長素釋放素
somatomedin C	生长调节素 C	促生長因子 C，體介質 C
somatostatin	生长抑素	生長激素釋放抑制因子
somatotropin releasing factor（SRF）	促生长素释放因子	促生長素釋放因子
somatotropin releasing hormone（=somatoliberin）	促生长素释放素	促生長素釋放素
somite	体节	體節
sorting signal	分拣信号	揀選訊號，分類訊號
Southern blotting	DNA 印迹法	南方點墨法，南方墨漬法，DNA 印迹法
soybean agglutinin（SBA）	大豆凝集素	大豆凝集素
spacing factor	间距因子	間距因子
spare culture	稀疏培养	稀疏培養
specific immunity	特异性免疫	特異性免疫，專一性免疫
specific transcription factor	特异性转录因子，专一性转录因子	特異性轉錄因子，專一性轉錄因子
spectrin	血影蛋白	血影蛋白，紅血球膜内蛋白
spectrofluorometer	荧光分光光度计	螢光分光光度計
spectrophotometer	分光光度计	分光光度計
Spemann organizer	施佩曼组织者	史培曼組織者
sperm	精子	精子
spermatid	精[子]细胞	精細胞
spermatium	不动精子	不動精子
spermatocyte	精母细胞	精母細胞
spermatogenesis	精子发生	精子生成
spermatogonium	精原细胞	精原細胞
spermatophore	精子包囊，精包	精子包囊
spermatozoid（=zoosperm）	游动精子	游動精子
spermatozoon（=sperm）	精子	精子
spermiogenesis	精子形成，精细胞变态，精子分化	精子形成
spermocenter	雄中心体	雄性中心體
SPF（=S phase-promoting factor）	S 期促进因子	S 期促進因子
S phase	S 期	S 期
S phase-promoting factor（SPF）	S 期促进因子	S 期促進因子

英　文　名	大　陆　名	台　湾　名
spherosome	圆球体	圓球體
spherospermium	无尾精子	無尾精子
sphingolipid	鞘脂，神经鞘脂质	神經鞘脂類
sphingomyelin	鞘磷脂	神經鞘磷脂
sphingomyelinase	鞘磷脂酶	神經鞘磷脂酶
spindle	纺锤体	紡錘體
spindle assembly checkpoint	纺锤体组装检查点	紡錘體組裝檢驗點
spindle fiber	纺锤丝	紡錘絲
spindle self-assembly	纺锤体自组装	紡錘體自組裝，紡錘體自動配裝
spindle self-organizer	纺锤体自组织	紡錘體自組織
spinner culture	旋动培养	旋轉式培養
spiral cleavage	螺旋卵裂	旋裂
splanchnic mesoderm	脏壁中胚层	內臟中胚層
spliceosome	剪接体	剪接體
splice site	剪接位点	剪接位
splicing	剪接	剪接
spokein	辐蛋白	輻蛋白
spongioblast	成胶质细胞	成膠質細胞，海綿絲原細胞
spongy tissue	海绵组织	海綿組織
spontaneous generation (=abiogenesis)	自然发生说，无生源说	無生源說，天然發生說，自然發生說，自生論
sporangiospore	孢囊孢子	孢囊孢子
spore	孢子	孢子
sporocyte	孢子母细胞	孢子母細胞
sporogenesis	孢子发生	孢子形成
sporogonium	孢原细胞	孢子囊體，胞子器
sporophyte	孢子体	孢子體
sporopollenin	孢粉素	孢子花粉素
sporulation	孢子形成	孢子形成
spot desmosome	点状桥粒	點狀橋粒
spreading factor	铺展因子	擴散因子
squash slide	压片	壓片
src gene (=sarcoma gene)	src 基因	src 基因
Src homology domain (SH domain)	SH 功能域	SH 功能區
Src homology 1 domain (SH1 domain)	SH1 功能域	SH1 功能區

英 文 名	大 陆 名	台 湾 名
Src homology 2 domain（SH2 domain）	SH2 功能域	SH2 功能區
Src homology 3 domain（SH3 domain）	SH3 功能域	SH3 功能區
Src protein	Src 蛋白	Src 蛋白
SRE（=serum response element）	血清应答元件	血清反應元素，血清反應元件
SRF（=①somatotropin releasing factor ②serum response factor）	①促生长素释放因子 ②血清应答因子	①促生長素釋放因子 ②血清反應因子
SRP（=signal recognition particle）	信号识别颗粒	訊號辨識粒子
SRP receptor（=signal recognition particle receptor）	信号识别颗粒受体	訊號辨識粒子受體
SSB（=single-stranded DNA binding protein）	单链 DNA 结合蛋白	單股 DNA 結合蛋白
SSBP（=single-stranded DNA binding protein）	单链 DNA 结合蛋白	單股 DNA 結合蛋白
stack plate reactor	叠板反应器	疊板反應器
stage micrometer	镜台测微尺	載物臺測微尺
starch	淀粉	澱粉
START	起始检查点，起始关卡	起始點
STAT（=signal transducer and activator of transcription）	信号转导及转录激活蛋白	訊號轉導及轉錄活化蛋白
stathmin	抑微管装配蛋白，微管去稳定蛋白	微管去穩定蛋白
static culture	静置培养	靜置培養
stationary phase（=fixed phase）	固定相	固定相
statocyte	平衡细胞	平衡細胞
statolith	平衡石	平衡石，耳石
STEM（=scanning transmission electron microscope）	扫描透射电子显微镜	掃描穿透式電子顯微鏡
stem cell	干细胞	幹細胞
stem cell factor（SCF）	干细胞因子	幹細胞因子
stem culture	[离体]茎培养	莖培養
stereocilium	静纤毛	靜纖毛
stereomicroscope	立体显微镜，体视显微镜，解剖显微镜	立體顯微鏡
sterility	不育性	不育性
steroid receptor	类固醇受体	類固醇受體
STM（=scanning tunnel microscope）	扫描隧道显微镜	掃描隧道顯微鏡
stoma	气孔	氣孔

英　文　名	大　陆　名	台　湾　名
stomata（复）(=stoma)	气孔	氣孔
stone cell (=sclereid)	石细胞	石細胞
stop transfer sequence	停止转移序列	停止轉移序列
β-strand	β[折叠]链	β鏈，β長帶
stress-activated protein kinase (SAPK)	应激活化的蛋白激酶	壓力活化蛋白質激酶
stress fiber	应力纤维	壓力纖維
stroma lamella	基质片层	基質板層，基質片層
stroma-thylakoid	基质类囊体	基質類囊體
structural gene	结构基因	結構基因
structural genomics	结构基因组学	結構基因體學
structural maintenance of chromosome protein (SMC protein)	染色体结构维持蛋白质	染色體架構維持蛋白質
subclone	亚克隆	次選殖
subcloning	亚克隆化	次選殖化，單株化
subculture (=secondary culture)	继代培养，传代培养	繼代培養
suberin	木栓质	木栓質
submetacentric chromosome	近中着丝粒染色体，亚中着丝粒染色体	次中節染色體，不等臂染色體
submicroscopic structure	亚显微结构	次顯微結構
submitochondrial particle	亚线粒体颗粒	次粒線體顆粒
submitochondrial vesicle	亚线粒体小泡	次粒線體小泡
sub-protoplast	亚原生质体	亞原生質體
subsidiary cell	副卫细胞	副衛細胞
succinate dehydrogenase	琥珀酸脱氢酶	琥珀酸脱氫酶
Sudan black B	苏丹黑 B	蘇丹黑 B
supercoil	超卷曲	緊密螺旋，多重盤繞
superficial cleavage	表面卵裂	表面卵裂
supernumerary chromosome	超数染色体	超數染色體
supernumerary nuclei	超数精核	剩餘精核
superoxide	超氧化物	超氧化物
superoxide dismutase (SOD)	超氧化物歧化酶	超氧化物歧化酶
supporting film	支持膜	支持膜
suppressor T cell	抑制性 T 细胞	抑制 T 細胞
supravital staining	超活染色，体外活体染色	體外活體染色
surface membrane immunoglobulin (SmIg)	膜表面免疫球蛋白	膜表面免疫球蛋白
surface replica	表面复型	表面複印
surface-spread method	表面铺展法	表面擴展法

英　文　名	大　陆　名	台　湾　名
survival factor	存活因子	存活因子
survivin	存活蛋白	存活蛋白
suspension culture	悬浮培养	懸浮培養
sustentacular cell	支持细胞	支柱細胞
Svedberg unit	斯韦德贝里单位	斯維德伯格單位
SV40 virus (=simian vacuolating virus 40)	猿猴空泡病毒40，SV40病毒	猿猴空泡病毒40
swarming spore (=zoospore)	游动孢子	游動孢子，泳動孢子
swing platform culture	平台摆动培养	平臺擺動培養
symbiosome	共生体	共生體
symplasm	共质	共質
symplasmic domain	共质域	共質區
symplast	共质体	共質體
symport	[同向]共运输，同向转运	同向運輸
symporter	同向转运体	同向運輸蛋白
synapse	突触	突觸
synapsis	联会	聯會
synaptic plane	联会面	聯會面
synaptic signaling	突触信号传送	突觸訊息傳遞
synaptonemal complex (SC)	联会复合体	聯會複合體
synchronization	同步化	同步化
syncolin	微管成束蛋白	微管成束蛋白
syncytiotrophoblast	合体滋养层	合體滋養層
syncytium	合胞体	合胞體
syndecan	黏结蛋白聚糖，联合蛋白聚糖	聯合蛋白聚醣
syndesis (=synapsis)	联会	聯會
synemin	联丝蛋白	聯絲蛋白
synergid (=synergid cell)	助细胞	伴細胞，助細胞
synergid cell	助细胞	伴細胞，助細胞
syngamy	融合生殖，配子配合	配子生殖，接合生殖
synkaryocyte	合核细胞	合核細胞
synkaryon	合核体，融核体	合子核
syntaxin	突触融合蛋白	突觸融合蛋白

T

英 文 名	大 陆 名	台 湾 名
TAF（=TBP-associated factor）	TBP 结合因子	TBP 結合因子
talin	踝蛋白	Talin 蛋白
target cell	靶细胞	標的細胞，目標細胞
targeting transport	靶向运输	標的運輸
TATA-binding protein（TBP）	TATA 结合蛋白	TATA 結合蛋白
TATA box	TATA 框	TATA 框
tau protein（=τ protein）	τ 蛋白	τ 蛋白
taxol	紫杉醇	紫杉醇
TBP（=TATA-binding protein）	TATA 结合蛋白	TATA 結合蛋白
TBP-associated factor（TAF）	TBP 结合因子	TBP 結合因子
T cell（=T lymphocyte）	T[淋巴]细胞	T[淋巴]細胞，T 淋巴球
T cell epitope	T 细胞表位	T 細胞表位
T cell receptor（TCR）	T 细胞受体	T 細胞受體
TCR（=T cell receptor）	T 细胞受体	T 細胞受體
TD-Ag（=thymus-dependent antigen）	T 细胞依赖性抗原，依赖 T 的抗原，胸腺依赖性抗原	T-依賴型抗原，胸腺依賴性抗原
T-dependent antigen（=thymus-dependent antigen）	T 细胞依赖性抗原，依赖 T 的抗原，胸腺依赖性抗原	T-依賴型抗原，胸腺依賴性抗原
teichoic acid	磷壁酸	磷壁酸
teichuronic acid	糖醛酸磷壁酸	糖醛酸磷壁酸
telocentric chromosome	端着丝粒染色体	末端著絲點染色體，末端中節染色體
telomerase	端粒酶	端粒酶
telomere	端粒	端粒
telomere DNA sequence	端粒 DNA 序列	端粒 DNA 序列
telophase	末期	末期
telosynapsis	对端联会	末端聯會
telson	尾节	尾節
TEM（=transmission electron microscope）	透射电子显微镜	穿透式電子顯微鏡
temperature-sensitive mutant（ts mutant）	温度敏感突变体，ts 突变体	溫度敏感突變體
template	模板	模板

英　文　名	大　陆　名	台　湾　名
template strand	模板链	模板股
temporal gene	时序基因	分時基因，時序基因
tensin	张力蛋白	張力蛋白
tenuin	纤细蛋白	細絲蛋白，細棒蛋白
teratocarcinoma	畸胎癌	畸胎癌
teratoma（=teratocarcinoma）	畸胎癌	畸胎癌
termination codon	终止密码子	終止密碼子
terminator	终止子	終止子
terpenoid	类萜	類萜
test-tube breeding	试管育种	試管育種
test-tube doubling	试管加倍	試管加倍
test-tube fertilization	试管授精	試管授精
test-tube grafting	试管嫁接	試管嫁接
tetrad	①四联体 ②四分体	①四聯體 ②四分體
tetraploid	四倍体	四倍體
tetraploidy	四倍性	四倍性
tetrasomic	四体	四體
tetrasomy	四体性	四體性
tetrazolium method	四唑氮法	四唑氮法
TF（=transcription factor）	转录因子	轉錄因子
TGF（=transforming growth factor）	转化生长因子	轉形生長因子
TGF-α（=transforming growth factor-α）	转化生长因子-α	轉形生長因子-α
TGF-β（=transforming growth factor-β）	转化生长因子-β	轉形生長因子-β
thelykaryon	雌核	雌核
thelyplasm	雌质	雌質
thelytoky	产雌孤雌生殖	產雌孤雌生殖
thick filament（=thick myofilament）	粗肌丝	粗絲
thick myofilament	粗肌丝	粗絲
thin filament（=thin myofilament）	细肌丝	細絲
thin layer culture	薄层培养	薄層培養
thin myofilament	细肌丝	細絲
thionine	硫堇	硫寧
thrombocyte（=platelet）	血小板	血小板
thromboplastin	促凝血酶原激酶	血栓形成素，凝血酶原
thrombopoietin	血小板生成素	血小板生長因子
thylakoid	类囊体	類囊體
thymic education	胸腺驯育	胸腺教育

英　文　名	大　陆　名	台　湾　名
thymic nurse cell（TNC）	胸腺抚育细胞，胸腺保育细胞	胸腺保護細胞
thymidine	胸腺嘧啶核苷	胸腺嘧啶核苷
thymocyte	胸腺细胞	胸腺細胞
thymus	胸腺	胸腺
thymus-dependent antigen（T-dependent antigen，TD-Ag）	T 细胞依赖性抗原，依赖 T 的抗原，胸腺依赖性抗原	T-依賴型抗原，胸腺依賴性抗原
thymus-independent antigen（T-independent antigen，TI-Ag）	非 T 细胞依赖性抗原，不依赖 T 的抗原，非胸腺依赖性抗原	T-非依賴型抗原，非胸腺依賴性抗原
thyroid hormone receptor	甲状腺素受体	甲狀腺素受體
TI-Ag（=thymus-independent antigen）	非 T 细胞依赖性抗原，不依赖 T 的抗原，非胸腺依赖性抗原	T-非依賴型抗原，非胸腺依賴性抗原
tight junction	紧密连接	緊密連接，緊密型連結
TIM complex	线粒体内膜转运体复合体，TIM 复合体	TIM 複合體
time-lapse microcinematography	缩时显微电影术	定時顯微電影技術
TIMP（=tissue inhibitor of metalloproteinase）	组织金属蛋白酶抑制物	組織金屬蛋白酶抑制蛋白
T-independent antigen（=thymus-independent antigen）	非 T 细胞依赖性抗原，不依赖 T 的抗原，非胸腺依赖性抗原	T-非依賴型抗原，非胸腺依賴性抗原
tissue culture	组织培养	組織培養
tissue inhibitor of metalloproteinase（TIMP）	组织金属蛋白酶抑制物	組織金屬蛋白酶抑制蛋白
tissue-specific gene	组织特异性基因	組織專一性基因
tissue-specific promoter	组织特异性启动子	組織專一性啟動子
titin	肌巨蛋白	肌巨蛋白
TLR（=Toll-like receptor）	Toll 样受体	Toll 樣受體
T lymphocyte	T[淋巴]细胞	T[淋巴]細胞，T 淋巴球
TNC（=thymic nurse cell）	胸腺抚育细胞，胸腺保育细胞	胸腺保護細胞
TNF（=tumor necrosis factor）	肿瘤坏死因子	腫瘤壞死因子
Toll-like receptor（TLR）	Toll 样受体	Toll 樣受體
Toll protein	Toll 蛋白	Toll 蛋白

英　文　名	大　陆　名	台　湾　名
toluidine blue	甲苯胺蓝	甲苯胺藍
TOM complex	线粒体外膜转运体复合体，TOM 复合体	TOM 複合體
tonofilament	张力丝	張力絲
tonoplast	液泡形成体，液泡膜	液泡膜
totipotency	全能性	全能性
totipotent cell	全能性细胞	全能性細胞
totipotent stem cell（TSC）	全能干细胞	全能幹細胞
trachea（=vessel）	导管	導管
tracheid	管胞	管胞
traction fiber	牵引纤丝	牽引纖絲
trans-acting	反式作用	反式作用
trans-acting factor	反式作用因子	反式作用因子
transcellular transport	穿细胞运输，跨细胞运输	跨細胞運輸
transcript	转录物	轉錄物，轉錄本
transcriptase	转录酶	轉錄酶
transcription	转录	轉錄
transcriptional corepressor	转录辅阻遏物	轉錄輔抑制物
transcriptional-level control	转录水平调控	轉錄層級調控
transcriptional terminal sequence	转录末端序列	轉錄末端序列
transcription factor（TF）	转录因子	轉錄因子
transcription initiation	转录起始	轉錄起始
transcription initiation complex	转录起始复合体	轉錄起始複合體
transcription unit	转录单位	轉錄單位
transcriptome	转录物组	轉錄體［學］
transcytosis	胞吞转运作用	細胞穿越運輸
transdetermination	转决定	轉決
transdifferentiation	转分化	轉分化
transduction	转导	轉導
trans-face	反面，成熟面	反面
transfection	转染	轉染
transfection efficiency	转染率	轉染率
transfer cell	传递细胞	運輸細胞
transferrin	运铁蛋白	運鐵蛋白
transferrin receptor	运铁蛋白受体	運鐵蛋白受體
transfer RNA（tRNA）	转移 RNA	轉移 RNA，轉送 RNA
transformant	转化体	轉形株

英　文　名	大　陆　名	台　湾　名
transformation	转化	轉形[作用]
transformation efficiency	转化率	轉形效率
transformed cell	转化细胞	轉形細胞
transforming focus	转化灶	轉形焦點
transforming gene	转化基因	轉形基因
transforming growth factor(TGF)	转化生长因子	轉形生長因子
transforming growth factor-α(TGF-α)	转化生长因子-α	轉形生長因子-α
transforming growth factor-β(TGF-β)	转化生长因子-β	轉形生長因子-β
transforming virus	转化病毒	轉形病毒
transgene	转基因	基因轉殖，基因轉移
transgenic animal	转基因动物	基因轉殖動物
transgenic plant	转基因植物	基因轉殖植物
trans-Golgi network	反面高尔基网	反式高基網
transitional vesicle	[高尔基体]转运小泡	轉運小泡
transit peptide	转运肽	轉運肽
transit sequence(=transit peptide)	转运肽	轉運肽
translation	翻译	轉譯
translational control	翻译控制	轉譯控制
translocase	移位酶	移位酶，轉位酶
translocation	易位	移位，轉位
translocator(=translocon)	转运体，易位子，易位蛋白质	移位子，轉位子
translocon	转运体，易位子，易位蛋白质	移位子，轉位子
transmembrane domain	穿膜区	穿膜區，跨膜區
transmembrane protein	穿膜蛋白，跨膜蛋白	跨膜蛋白
transmembrane region(=transmembrane domain)	穿膜区	穿膜區，跨膜區
transmembrane segment	穿膜片段	跨膜片段
transmembrane signaling	穿膜信号传送，穿膜信号传导	跨膜訊息傳遞
transmembrane transducer	穿膜信号转换器	跨膜訊息轉導器
transmembrane transport	穿膜运输，穿膜转运	跨膜運輸
transmission electron microscope(TEM)	透射电子显微镜	穿透式電子顯微鏡
transmission scanning electron microscope(TSEM)	透射扫描电子显微镜	穿透式掃描電子顯微鏡
transmitter-gated ion channel	递质门控离子通道	傳導物閘控[型]離子通道，遞質閘控[型]

英　文　名	大　陆　名	台　湾　名
		離子通道，遞質驅動 式離子通道
transparent reagent	透明剂	透明劑
transplantation	移植	移植
transport protein	运输蛋白，转运蛋白	運輸蛋白
transport vesicle	运输小泡	運輸小泡
transposon	转座子	轉位子，轉座子
transverse tubule (T-tubule)	横小管，T 小管	橫管
tread milling	踏车现象	踏車運動
tricarboxylic acid cycle	三羧酸循环，克雷布斯 循环	三羧酸循環，克氏循環
trichome	毛状体	毛狀體
triplet code	三联体密码	三聯體密碼
triploid	三倍体	三倍體
triploidy	三倍性	三倍性
triskelion	三脚蛋白[复合体]	三足形
trisomic	三体	三[染色]體
trisomy	三体性	三[染色]體性
trivalent	三价体	三價體
tRNA (=transfer RNA)	转移 RNA	轉移 RNA，轉送 RNA
tRNA^{met} (=methionine tRNA)	甲硫氨酸 tRNA	甲硫胺酸 tRNA
trophectoderm	滋养外胚层	滋養外胚層
trophoblast	滋养层	滋養層，滋胚層
trophonucleus	滋养核	滋養核
tropocollagen	原胶原	原膠原[蛋白]
tropomodulin	原肌球蛋白调节蛋白	原肌球調節蛋白
tropomyosin	原肌球蛋白	原肌凝蛋白，原肌球蛋 白
troponin	肌钙蛋白	肌鈣蛋白
Trowell's technique (=gold grid culture)	金属格栅培养	金屬格柵培養
true bacterium (=eubacterium)	真细菌	真細菌
trypan blue	锥虫蓝，台盼蓝	錐蟲藍，台酚藍
trypsin	胰蛋白酶	胰蛋白酶
tryptophan operon	色氨酸操作子	色胺酸操縱子
TSC (=totipotent stem cell)	全能干细胞	全能幹細胞
TSEM (=transmission scanning electron microscope)	透射扫描电子显微镜	穿透式掃描電子顯微 鏡
ts mutant (=temperature-sensitive mutant)	温度敏感突变体，ts 突	溫度敏感突變體

英　文　名	大　陆　名	台　湾　名
	变体	
T-tubule (=transverse tubule)	横小管，T 小管	橫管
γTuBC (=γ-tubulin ring complex)	γ 微管蛋白环状复合物	γ 微管蛋白環狀複合體
tube nucleus	管核，粉管核	管核
tubulin	微管蛋白	微管蛋白
γ-tubulin ring complex (γTuBC)	γ 微管蛋白环状复合物	γ 微管蛋白環狀複合體
tumor	肿瘤	腫瘤
tumor angiogenesis factor	肿瘤血管生成因子	腫瘤血管新生因子
tumor necrosis factor (TNF)	肿瘤坏死因子	腫瘤壞死因子
tumor necrosis factor-β	肿瘤坏死因子-β	腫瘤壞死因子-β
tumor necrosis factor receptor superfamily	肿瘤坏死因子受体超家族	腫瘤壞死因子受體超家族
tumor suppressor gene	肿瘤抑制基因	腫瘤抑制基因，致瘤基因，抑瘤基因
tumor virus	肿瘤病毒	腫瘤病毒
turgor (=turgor pressure)	膨压	膨壓
turgor movement	膨胀运动	膨壓運動
turgor pressure	膨压	膨壓
β-turn	β 转角	β 轉角
twinfilin	双解丝蛋白	雙解絲蛋白
two-dimensional gel electrophoresis	双向凝胶电泳	二維凝膠電泳
tyrosine kinase	酪氨酸激酶	酪胺酸激酶
tyrosine kinase-linked receptor	酪氨酸激酶偶联受体	酪胺酸激酶偶聯受體

U

英　文　名	大　陆　名	台　湾　名
ubiquinone	泛醌	泛醌
ubiquitin	泛素	泛素，泛激素，泛蛋白
ubiquitin-dependent degradation	依赖泛素的降解	泛素依賴性降解
ubiquitinoylation	泛素化	泛素化
Ubisch body	乌氏体	烏氏體
ultracentrifugation	超速离心	超高速離心
ultracryotomy (=cryoultramicrotomy)	冷冻超薄切片术	冷凍超薄切片技術
ultramicroscopic morphology	超微形态学	超顯微形態學
ultramicrotome	超薄切片机	超薄切片機
ultrastructural cytochemistry	超微结构细胞化学	超微結構細胞化學
ultrastructure	超微结构	超微結構

英 文 名	大 陆 名	台 湾 名
ultrathin section	超薄切片	超薄切片
ultraviolet microscope	紫外光显微镜	紫外光顯微鏡
uncoupler	解偶联剂	解偶聯劑
uncoupling	解偶联	解偶聯
unfoldase	解折叠酶	解折疊酶
uniport	单向转运	單向運輸
unipotency	单能性	單能性
unipotent stem cell	单能干细胞	單潛能幹細胞
unique sequence	单一序列	單一序列，獨特序列
unique sequence DNA	单一序列 DNA	單一序列 DNA
unit membrane	单位膜	單位膜
univalent	单价体	單價體
Unna staining	乌纳染色	翁娜染色
untranslated region（UTR）	非翻译区	非轉譯區
untwisting enzyme	解旋酶	解旋酶
unwinding enzyme（=untwisting enzyme）	解旋酶	解旋酶
unwinding protein	解链蛋白质	鬆解蛋白質
upstream expressing sequence	上游表达序列	上游表現序列
upstream repressing sequence	上游阻抑序列	上游阻遏序列
U-small nuclear ribonucleoprotein （U-snRNP）	U-核小核糖核蛋白	U-小核核糖核蛋白
U-snRNP（=U-small nuclear ribonucleo- protein）	U-核小核糖核蛋白	U-小核核糖核蛋白
UTR（=untranslated region）	非翻译区	非轉譯區

V

英 文 名	大 陆 名	台 湾 名
vacuolar proton ATPase	液泡质子 ATP 酶	液泡質子 ATP 酶
vacuole	[液]泡	液泡
van der Waals force	范德瓦耳斯力	凡得瓦[爾]力
variable region	可变区	[可]變異區
vascular cell adhesion molecule	血管细胞黏附分子	血管細胞附著分子
vascular endothelial growth factor（VEGF）	血管内皮[细胞]生长因子	血管內皮細胞生長因子
vasculogenesis	心血管发生	血管發生，血管發育
VDAC（=voltage dependent anion channel）	电压依赖性阴离子通道蛋白	電壓依賴性陰離子通道蛋白

英　文　名	大　陆　名	台　湾　名
vector	载体	載體
vegetal pole	植物极	植物極
vegetative nucleus	营养核	營養核
VEGF (=vascular endothelial growth factor)	血管内皮[细胞]生长因子	血管内皮細胞生長因子
vehicle (=vector)	载体	載體
velocity centrifugation	速度离心	速度離心
velocity sedimentation	速度沉降	速度沉降
very high density lipoprotain (VHDL)	极高密度脂蛋白	極高密度脂蛋白
very low density lipoprotein (VLDL)	极低密度脂蛋白	極低密度脂蛋白
vesicle	小泡	小泡，囊泡
vesicular transport	小泡运输	小泡運輸
vessel	导管	導管
VHDL (=very high density lipoprotain)	极高密度脂蛋白	極高密度脂蛋白
vibratome	振动切片机	振動切片機
videographic display	视频图形显示，图像显示	視頻圖形顯示
villin	绒毛蛋白	絨毛蛋白
vimentin	波形蛋白	波形蛋白，微絲蛋白
vimentin filament	波形蛋白丝	波形蛋白絲
vinblastine	长春花碱	長春[花]鹼
vincristine	长春花新碱	長春[花]新鹼
vinculin	黏着斑蛋白	紐帶蛋白
viral oncogene (v-oncogene)	病毒癌基因，v癌基因	病毒致癌基因
virion	病毒[粒]体，病毒粒子	病毒粒子
viroid	类病毒	類病毒
virus	病毒	病毒
visceral mesoderm (=splanchnic mesoderm)	脏壁中胚层	內臟中胚層
vital dye (=vital stain)	活体染料	活體染料
vital stain	活体染料	活體染料
vital staining	[体内]活体染色	活體染色
vitelline envelope	卵黄被	卵黃外膜
vitelline membrane	卵黄膜	卵黃膜
VLDL (=very low density lipoprotein)	极低密度脂蛋白	極低密度脂蛋白
voltage dependent anion channel (VDAC)	电压依赖性阴离子通道蛋白	電壓依賴性陰離子通道蛋白
voltage-gated ion channel	电压门控离子通道	電位閘控[型]離子通道，電壓驅動式離子

英　文　名	大　陆　名	台　湾　名
voltage-sensitive ion channel	电压敏感离子通道	通道 電位敏感[型]離子通道
v-oncogene (=viral oncogene)	病毒癌基因，v 癌基因	病毒致癌基因
V-type ATPase	V 型 ATP 酶	V 型 ATP 酶
V-type [proton] pump	V 型[质子]泵	V 型[質子]幫浦，V 型[質子]泵

W

英　文　名	大　陆　名	台　湾　名
wall ingrowth	胞壁内突生长	胞壁內突生長
watch glass culture	表面皿培养	表面玻璃培養
W chromosome	W 染色体	W 染色體
Weismanism	魏斯曼学说	魏斯曼學説
Western blotting	蛋白质印迹法	西方點墨法，西方墨漬法，蛋白質印迹法
WGA (=wheat germ agglutinin)	麦胚凝集素	小麥胚芽凝集素
wheat germ agglutinin (WGA)	麦胚凝集素	小麥胚芽凝集素
white blood cell	白细胞	白細胞，白血球
whole-arm fusion	全臂融合	中節併合
whole mount preparation	整装制片	整裝製作
Wright stain	瑞特染液	瑞氏染劑

X

英　文　名	大　陆　名	台　湾　名
xanthine oxidase	黄嘌呤氧化酶	黄嘌呤氧化酶
X body	X 小体	X 小體
X chromatin	X 染色质	X 染色質
X chromosome	X 染色体	X 染色體
xenogamy	异株受精	異花受粉，異株受精，異株傳粉
xenograft	异体移植	異種移植
X inactivation	X 失活	X 染色體不活化
X-ray diffraction	X 射线衍射	X 射線衍射
X-ray microanalysis	X 射线显微分析	X 射線微區分析
X-ray microscope	X 射线显微镜	X 射線顯微鏡

英　文　名	大　陆　名	台　湾　名
xylan	木聚糖	木聚醣，木聚糖

Y

英　文　名	大　陆　名	台　湾　名
YAC（=yeast artificial chromosome）	酵母人工染色体	酵母人工染色體
Y chromosome	Y 染色体	Y 染色體
yeast	酵母	酵母
yeast artificial chromosome（YAC）	酵母人工染色体	酵母人工染色體
yolk	卵黄	卵黄
yolk sac	卵黄囊	卵黄囊

Z

英　文　名	大　陆　名	台　湾　名
Z chromosome	Z 染色体	Z 染色體
Z disc	Z 盘	Z 盤
zeatin	玉米素	玉米素
Z-form DNA	Z 型 DNA	Z 型 DNA
zinc finger	锌指	鋅指
zinc finger motif	锌指结构域，锌指模体	鋅[手]指功能域
Z line	Z 线	Z 線
zona pellucida	透明带	透明帶
zonula adherens（=adhering junction）	黏着连接	黏著小帶
zonula occludens（=tight junction）	紧密连接	緊密連接，緊密型連結
zoosperm	游动精子	游動精子
zoospore	游动孢子	游動孢子，泳動孢子
zygophase	合子期	合子期
zygosis（=conjugation）	接合	接合
zygospore	接合孢子	接合孢子
zygote	合子	[接]合子，受精卵
zygotene	偶线期，合线期	偶絲期，減數分裂的前期，接合絲期
zygote nucleus	合子核	合子核
zygotic gene	合子基因	合子基因
zygozoospore	游动接合孢子	游動接合孢子
zymogen granule	酶原粒	酵素原粒
zyxin	斑联蛋白	斑聯蛋白，關節蛋白

致　　谢

本书编写和出版过程中，得到两岸细胞生物学学会及其秘书处的大力支持；2009 年全国科学技术名词审定委员会公布的《细胞生物学名词》(第二版)有众多专家参加了编写，为本书提供了良好的借鉴与基础；台湾卫生研究院裘正健教授拨冗参与组织书稿的审阅工作；北京师范大学细胞研究所研究生冯盛积极参加了书稿的整理修改工作，在此一并谨致谢忱。

中国细胞生物学学会裴钢理事长题词
——祝贺《海峡两岸细胞生物学名词》正式出版

兄弟往来是真情，血浓于水在基因；
骨肉相连同细胞，两岸携手共正名。

裴　钢
2010 年 3 月 18 日